蜜源植物紫雲英在每年二、三月時出現，蜜蜂愛死它了。

秋葵很好種、也很容易結蒴果，想看到秋葵花就得早起，
中午之後就凋謝了。

我讓一兩株菜頭（白蘿蔔）留下來開花結豆莢。留種待明年續種。

第一次看到洛神花，才知道平常食用的是花萼部分。

鬼針草對人類而言是強勢的野草，對蜜蜂而言卻是個寶。

洛神的生命力強，我從農友手中移植過來、稍加照顧兩週後，接下來不用特別照顧、九月依舊開花結果。

（下頁）空心菜一開花，才知道它跟牽牛花原來是親戚。

這輩子
一定要當一次農夫

林黛羚

目錄

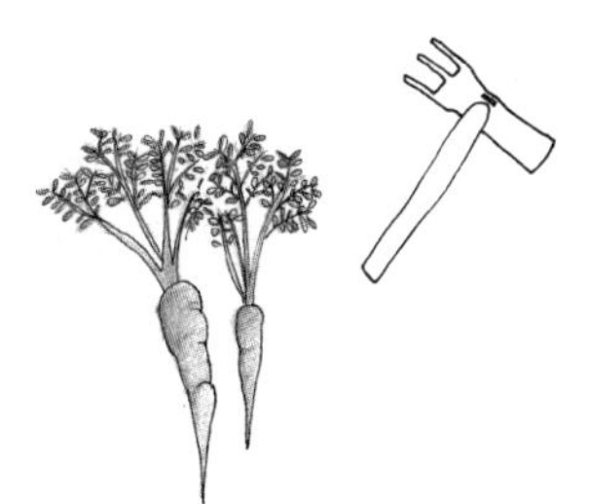

土味人生

林黛羚

初秋，明顯感受到日夜的溫差，於是愉快的結束了三個月的酷暑休耕期，我的日常班表中又再度安插了「耕種時間」。再度揮起鋤頭，感受久違的、汗水淋漓的暢快！揮動鋤頭、踩下鏟子、捧起鬆軟的土壤，大量的汗從髮際、背部、前胸、四肢流下，土壤的芬芳撲鼻香，我同時獲得欣悅與平靜感。

剛開始，我耕種，是有許多遠大目標想實踐。譬如，在吃的方面至少要達到半自給自足的程度、要自家採種、要實踐無農藥無肥料的種植方式、盡到環境責任等等。種的過程，我眞的覺得自己實在想太多了，原來種菜不必這麼任重道遠，而且若要讓自己達到自給自足的程度，恐怕還需要一段時間……這些在書中內文都會再提到。

現在，我耕種，一是因爲我很享受在菜園裡遇到的自然法則。有時我種的菜會失敗、被蟲吃光，這是因爲我選擇的季節不對、或者種法不對，這是自然的法則。有時我種的菜會大豐收、比預想的還要肥美豐碩，這是因爲我剛好提供了該作物最喜歡的生長環境，於是我對天大笑：「爲何對我這麼好？」

其實根本不是老天好不好，這也是自然的法則。自然的法則，無分別心的呈現出一切，我則要學著觀察與接納。

種菜把我拉回當下，與此時此刻共處。

現在，我耕種，二是爲了鍛鍊身體。在陽光下勞動、流汗，讓我身體變健康了，直到夏天休耕期，因爲常受邀各地講座，超低溫的室內空調造成的溫差才又再度中標。

在這一年內，我還是充滿鬥志的實驗了各種無肥料的懶人種菜方式，在書中以手繪跟圖文的方式呈現。由於手邊資源不足，沒辦法隨時取得一堆厚厚的稻草、堆肥之類，玩奢華的覆蓋物種植法，所以我只能順勢調整、再加點自創的手法，在書中會有詳細的手繪圖做說明。

所謂懶人種菜，初期還是很累、一點都不能偷懶，然後接下來的維護階段……還是沒辦法偷懶，因爲強勢的雜草還是要定期清除，只留下溫和的雜草，如果都不管，就會變成野地，放生了！我曾經藉口連續的雨季，只能在家休息，強勢雜草趁機絕地反攻，原本規劃完善的菜畦也就這樣淪陷了。懶人種菜對我而言恐怕只是一場夢吧！

還是隔壁的農友阿伯比較實在：「你今天除（草）一點點、明天除一點點，菜畦就很乾淨。

如果一個禮拜想花一整天來除，就失控了。」今年八月，我的菜園租約到期，決定從租兩塊減爲租一塊，這樣也許就可以更集中火力照顧吧。

租約到期，何必續租？反正都已經體驗過了不是嗎？但我已經跟種菜產生了無法切割的情愫，回不去了……嗯……這樣說很怪，應該說，它的勞動流汗讓我心安、汗水耕耘換來食物讓我懂得感激。

它對我而言已經有點像是別人生活中一定要具備的慢跑、散步、喝茶、品酒等，算是組成生活元素的一部分了，我希望我這輩子的生活裡，能夠持續有土地與生命力相伴。所以，現在我的主要生活構成元素包括：溜狗、喝茶、聽音樂、散步、採訪、寫作業、拍照、演講……以及……種菜！（笑）

在這本書中，我還採訪了幾位以農爲生活重心的朋友，有的已經找到生活的節奏、有的因剛從農，還在努力摸索中，但都有其精采的故事。

我也在書中記錄下自己在租地種菜之前就培養的小興趣——利用殘菜（煮飯時，切菜剩下的部份）加水，就可創造出暫時性（一週到數月都有）的宜人免費小盆景。

另外，讓我們主編捧腹的章節，就是我嘗試吃野草（野菜）的部分吧！我一直幻想著，如果我的菜園都是生命力強健的野草，那就沒什麼好照顧的，只要到菜園裡面走一圈就可以採好幾盤菜了吧！事實是，如果都沒有照顧，我就只有鬼針草這道菜可以吃（偶爾可以湊出一盤龍葵）。嘗了幾種野草之後，我終於知道爲什麼野草會是野草，端不上餐桌，有的是太粗糙、嚼好久，有的雖然很好吃，但是挑葉過程實在太麻煩，挑到肚子咕嚕叫都還是一小撮，難怪大家還是紛紛投靠小白菜了。

爲了證明半農生活不是我一人在唱獨角戲，我輕易找到了三位種菜資歷二至五年的上班族農友，年齡分別是三十、四十、六十歲，忙著在職場上鍍金的同時，也不忘在生活中沾點土味。他們朝九晚五，卻可以把自己的菜園照顧得很好（至少比我的菜園專業多了），透過耕種，他們對職場及家庭也是正面以待。

這陣子還鑼鼓吹棄業從農的，但我覺得這種行爲還是不宜冒然。就像不一定非得出家，入世修行者更讓人欽佩；在職者不一定非得棄業、不必立刻回鄉，一樣可以感受土壤的芬芳、體驗耕種帶來的撫慰。只要住家方圓十公里內有地可耕即可，如此較沒有壓力、會用輕鬆的心情來種菜，才有辦法體驗自然的法則。

這次感謝自由之丘總編席芬的討論與規劃、阿梅創意與巧思的書籍設計、還有室友阿隆犧牲週末寶貴假期幫我開闢超巨型菜畦，也要謝謝爸媽在這一年來容忍我好似漫無目的的種來種去，偶爾拿菜回家還都混有別的農友送我的作物。

現在是美好的秋季，十月即將來臨，我的新嘗試是將採收下來的洛神做成蜜餞，不但可以直接食用、泡茶、還可以切碎混到麵包機製作的吐司裡面。如果沒有租下菜園，我可能還沒有機會接觸酵素、蜜餞、果醬這一個領域，大自然實在太有趣了！

不論是假日農夫、都市農夫、退休農夫，或者像我這種三腳貓農夫。這輩子，一定要當一次農夫，放下鍵盤、綁上頭巾、拿起鐮刀與鋤頭，暢汗開懷於土地之中！

城市農夫手記

城市人還是庄腳人？從生手變新手

花一整個下午，才在濃密的鬼針草叢中闢出五坪的大小，我擦了擦汗，全身都黏答答的，但汗流得好暢快，勞動讓人踏實大概就是這個意思吧？

「你是都市人吧？」

幾年前一個吃飯場合，剛認識的《青芽兒雜誌》主編舒詩偉這樣問我，他在農業這塊領域已經至少打滾了二十多年。

被他這麼一問，我感到十分羞愧，我明明是在豐原這個算是鄉下小鎮裡長大的孩子，也不是這麼嚮往都市生活，怎麼會被他歸類成都市人呢？

記得剛畢業在台北找到第一份工作，同事調侃我是鄉下人，我卻有一種快感。是的，我打從心底就不認爲自己是都市人、也不想成爲都市人。卻在十多年之後，被陌生人誤會爲自己是都市人，這是情何以堪呢？難道是在都市工作久了，被影響了嗎？

他的問句，如烙印般在我腦海裡徘徊不去。

從小我就在過於乾淨的環境長大，雖然老爸小時候有段時間要負責放牛、養豬雞等，平常朋友都認爲我常到鄉間郊外，應該算「野」，其實不然，我是以外人的身分「參觀」，頂多只能說得上「體驗」。

但自從爺爺白手起家經營事業、爸爸的藥局事業穩定之後，我們的出生，被培育在有如消毒過的環境裡，家裡始終整齊、乾淨到極致。

家中講話會出現回音、桌面與地板始終亮晶晶，眾多生活用品都被有系統的收到櫃子裡。雖然家裡有後院，但都填上了水泥，只留下兩棵樹的生長空間，一棵是羊蹄甲、一棵是芒果樹，都是老爸在負責澆水照顧，後來羊蹄甲長得太散，老爸又決定把它鋸掉、並把它的樹穴填上水泥。

所以我並沒有什麼接觸泥土甚至種植的經驗，更遑論是不是鄉下人了！

來到台北上班時，租屋處的小窗台上擺了茉莉花盆栽，不久花盆內開始長黑色小飛蟲，我當時覺得噁心，於是就把洗碗精直接倒在土壤表面，小飛蟲理所當然的消失了，我還洋洋得意一個晚上。隔天醒來，茉莉花也死了，我才知道原來洗碗精也會傷害植物的！可見當時我的種植常識，不只是零，應該可說是負分！

接觸自然農法體驗土地的生命力

開始採訪寫作後，接觸許多有智慧的屋主，觀察他們在居家周遭以自然的方式種植蔬果，並把種植這件事視爲生活的一部分，我漸漸好奇，爲什麼種菜這種看似又累又沾泥巴的差事，他們會這麼樂在其中？有些屋主則提醒了我，我們現在吃的蔬菜、作物，其源頭都來自種植；種植可以讓他們身心健康、愉快，他們說：「長輩提醒我們，我們可能一整年都不需要律師、醫生的幫忙，但卻一天都少不了農夫。」

剛好堂姊就在推廣樸門設計的大地旅人工作室上班，我便安排時間，去台東上了爲期兩週的「樸門設計」（Permaculture）課程，這堂課由來自澳洲的 Robyn Francis 老師授課，以不用農藥及化肥的樸門農法爲出發點，延伸到飲食與土地；從概念講到飲食、全球的經濟及環境議題等，還在上課的社區內

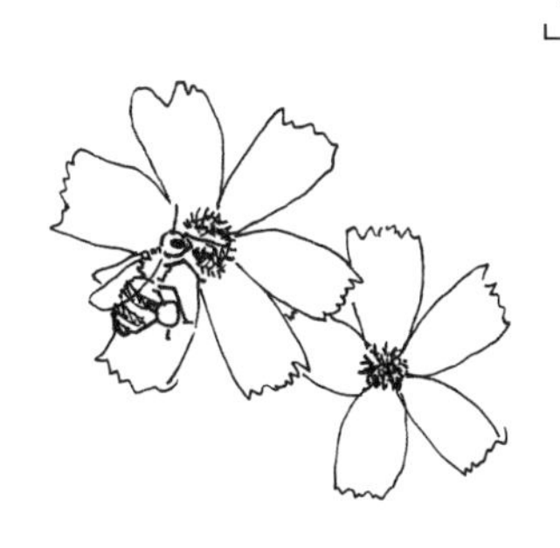

練習堆肥、厚土種植法等摘要式的實地操作。

之後，我又在新竹竹北上了詹武龍老師所教授的「秀明農法」課程。秀明自然農法在日本是一種結合農法的宗教，但在台灣則是以農法的傳授爲主。秀明農法的一些技術與原則，頗適合用於土地面積有限的菜園，且嚴格要求不應施加外來的營養或堆肥（即使是有機肥或益生菌等），只能透過草木覆蓋、自然生長的方式來讓土地自癒，這讓我對土地的生命力更加產生好奇。

上完這兩種自然農法[註1]課程後，我急於實踐這樣的想法，加上，當被半調侃的問到「你是都市人吧」時，我覺得自己那層僞裝被識破了，那層「我可以輕鬆遊走於鄉間與都市」的自我催眠面具被掀開了，什麼鄉下生活、農家閒情？想要跟農家或鄉下朋友融洽相處？頂多只是沾沾醬油而已！我想，有些鄉間的朋友應該也可以感受到我的格格不入、只是沒有說破而已吧？

難道，我眞的只有當都市人的料？實在心有不甘啊！

美好生活的開端通常並不美好

上完農法課程後，我想嘗試看看自己與土地之間可以產生什麼樣的互動？我可以把自然農法及相關的設計概念運用到土地上嗎？我眞的有能力實踐海倫跟史考特所著作的《美好生活》（The Good Life）嗎？我可以連帶影響家人重視這個部分嗎？

二〇一二年八月中旬，我下定決心要承租新竹竹北住家附近的市民農園，一塊地三十坪，一年租金四千元，考慮到我可能會有些實驗要做，所以決定租兩塊下來，也就是一年支付八千元的租金。「現在隨便買一塊地至少也要兩、三百萬，還要貸款。妳在市民農園承租十年也才八萬，而且人家連水管都牽好了，這樣比較划算啦！」精打細算的室友分析給我聽，讓我有種賺到的感覺。

辦好租地手續，來到市民農園現場，我呆住了，整片都是到大腿高度的鬼針草，而不是原本想像的一塊平坦、整好地的田。高大的鬼針草眞是一點也不可愛，它開花之後結成的放射球狀果實針，每個果實針不但本身就是刺狀、其末端還具有倒鉤，只要經過，它就會把一堆刺黏在衣物、褲子上。

據報導，鬼針草是在二、三十多年前，由台灣的蜂農從國外引進的，因爲它全年開花，讓蜜蜂四季都可採蜜，不過強勢的鬼針草就在這不到半世紀的時間內，攻佔全台灣，成爲中低海拔最常見也最主流的野草。隔年拜訪日本的屋久島，也看到它的蹤跡。

我承租的菜園旁邊都已有其他承租者在耕作，他們把這裡稱爲「開心農場」，我看著這一大片地，還不曉得它能否讓我開心？三十坪的公寓明明感覺很小，爲什麼三十坪的田地看起來這麼大？六十坪更是有種一望無際的錯覺……

土地的見面禮：學習與雜草共生

對於雜草，依稀記得自然農法的課堂上學到，雜草就是資源，不要把它視爲困擾。我依照秀明農法詹武龍老師所教，用鐮刀切割近地面的莖部，如此一來，不必將鬼針草連根拔起，死去的根系在土壤裡面創造更多的空隙、增加含氧量與有機質，讓蚯蚓有更多生存的空間。（不過後來發現，鬼針草的根系跟蟑螂一樣強健，所以，我只留下鬼針草之外的雜草。）

我到五金行買鐮刀及雨鞋，鐮刀比我想像中還要便宜，一把碳鋼鐮刀只要一五〇元，我分別買了有鋸齒跟沒鋸齒各一把、還有掌心塗有天然乳膠的棉手套，一副只要十五元。原本五金行對我來說，是阿伯叔叔才會去的地方，不是我平常會去逛的地方，而的確裡面清一色都是男生。後來才發現五金行眞是寶，有許多東西都比大型連鎖賣場還要便宜，而且還是台灣製的！

割草，說倒輕鬆，鬼針草長年存在，雖然農會定期找人來除草，但除草機時常只割到小腿肚的高度，較低的莖部多已木質化，讓我在用鐮刀時，無法豪邁的揮動砍除，時常要停下來、把鐮刀尖端貼近土壤表面，用鋸齒慢慢的割除。手臂如此往覆的使勁，髮

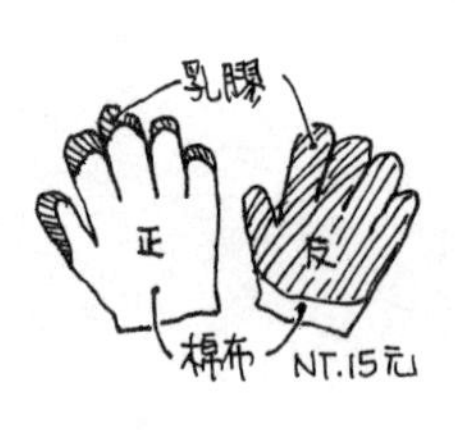

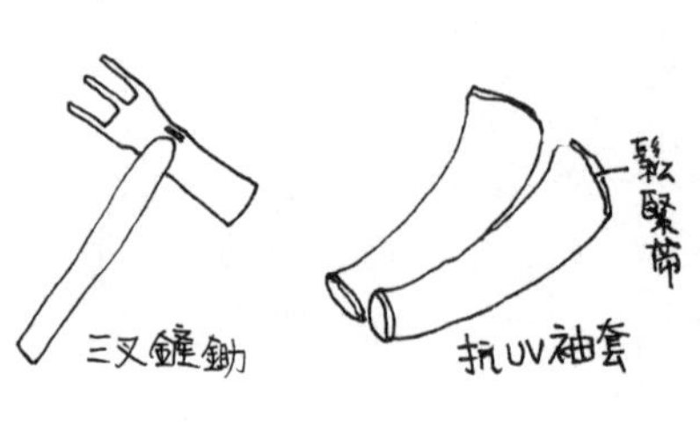

小鏟

鋸齒鐮刀
除草好幫手

際間開始滴下大珠汗水，竟有一種快適感！這幾年來都位於空調及涼爽的室內，就算流汗也是一下下，許久沒有讓汗水流透再流透，汗珠好像久違了的朋友一樣。這是菜園送給我的首次見面禮吧？

對「草叢」，我一直存有恐懼，大家都說蛇與蟲會躲在草叢中。割草時，我就很害怕會有蟲或什麼動物突然竄出來，或有眼鏡蛇突然弓起身突襲（Discovery看太多了）；理智告訴我，不要擔心太多，蛇跟蟲早因驚動草叢而逃竄了。但這是我第一次拿鐮刀割草，還是會戒慎恐懼，我的確看到許多馬陸（一開始以爲是蜈蚣，後來發現牠們每節都有兩對腳，有人糾正說這是馬陸）四處逃竄，還有螞蟻、蟾蜍以及長得像蟑螂的不可愛蟋蟀。不過沒有蛇、也沒有昆蟲因家園被摧毀而攻擊我。

在割草時，多少會對這些昆蟲感到抱歉，打擾了牠們棲息。但又不免納悶，這片荒草地，竟然除了這幾種清一色是黑色或褐色的不討喜昆蟲外，就看不到其他顏色比較亮眼的生物嗎（如藍色的鳳蝶、綠色的青蛙等），不免懷疑這塊地眞的就是所謂的貧瘠之地？

割下的鬼針草莖葉我並不打算丟掉，「雜草就是資源，可以拿來當覆蓋物。」我內心暗自想著，也得意於自己的不浪費，就把割下來的鬼針草留在原處。（但後來，我很快就從我的腰學到，鬼針草不會這樣就死去。）

我暗自盤算，這區將來種植矮的葉菜類、那區將來要種高一點的作物……還有要種幾棵小樹來遮蔭，所以還要種上香椿的樹苗等……腦海中的藍圖是美輪美奐的菜園，而眼前的還是野草遍佈的荒地。

日出而作、日落而息

第一天，又蹲又割，花一整個下午，才在濃密的鬼針草叢中闢出五坪的大小，六點半的時候，太陽準備下山了，又紅又大又平，就像剪紙一般貼在地平線上。我擦了擦汗，全身都黏答答的，但汗流得好暢快，勞動讓人踏實大概就是這個意思吧？

看著那平坦的五坪，有一種成就感浮上心頭。田間暗得讓我感到害怕、其他田的農友也早已回家，我盡速收拾好工具離開，打算隔天再戰。

離去前，我回頭再看了這塊地一次，它在黑暗中依舊靜默著，但我卻覺得它比旁田的顏色還要來得清明，也許是因爲我們已經相識了？

它還不能稱之爲菜園，倒是像被剃了一小撮毛髮、不知如何是好的荒地；又好似

抱著看好戲的心情，看這個「新來的人類」能夠變出什麼把戲？我想了想，緩緩的再走回去，蹲下，望向草叢深處，在心裡面默默對它說：「很抱歉，我沒有先自我介紹，一來就拿鐮刀揮來揮去把你剃毛。我從沒有真正在土地上種過菜、種過樹，但是我很想嘗試這個過程、很想知道在土地上種菜是什麼感覺？接下來我可能會定期來打擾，再麻煩多多指教了！」

那天晚上，我沒有力氣再拿起手機或書本、也沒有精神想東想西，只想趕快睡覺，洗澡刷牙完、我躺到床上就呼呼大睡了，半夜還因打呼聲太大而被搖醒多次。這就是我與土地的第一次接觸。

註1：書中會一再出現的自然農法、有機農法及慣行農法的名詞，在此說明如下：

——慣行農法：國內目前最普遍的種法，以經過挑選或改造的種子（可能是基因改造，也可能是無法留種的F1種子）、搭配農藥及化學肥料，讓作物成長最佳化，時間短、收成多、少病蟲害的一種農法。優點是作物大量生產、農人收入穩定；缺點是農藥使用過當可能會對農夫身體有害、化肥對土地的體質無所助益、消費者吃起來的口感覺得較為一致。

——有機農法：是早期國內農人的作法，當時買不起農藥與化肥，就用自己飼養的家禽排泄物、經過發酵處理成為堆肥。現代的有機農法農夫，則可以選擇作物所需的各種動植物堆肥及綠肥來當肥料，天然發酵的堆肥裡面含許多微量元素，可以增加土壤的微生物多樣性，這些肥料並不是以化學方式製作。在種子的選擇上，也是選擇非基因改造、非人為刻意，故稱為有機農法。其優點是，雖然也是人為刻意的加諸，但肥料與種子本身都是天然形成，加上不使用農藥，故周遭的昆蟲與雜草受到的傷害較小、農夫也不用再擔心農藥影響健康。缺點是，有機農法的產量通常比慣行農法少，而且農夫依舊要花成本陸續添購肥料，另外，假如肥料的發酵不完全又使用過量，容易招致惡臭、污染與蚊蟲等，其所造成的環境污染並不會比慣行農法少。

——自然農法：不給予外來的肥料或資源，盡量以土地本身的葉菜作為肥料、草木莖作為覆蓋物的來源。如果創造出來的環境許可，也會大幅降低澆水的頻率。自然農法認為，土壤是越種越肥沃，若持續幫作物留種，作物的後代會更加適應種植的土地，產量也會隨之提高。慣行農法是用金錢（添購農藥、化肥）換產量，自然農法則是用時間（代代留種）來換產量。優點是，對農人與消費者的健康、對環境都不再帶來污染，而且一旦後代種子完全適應該地，產量就會跟上同種慣行作物。缺點是，如果菜園之前曾被使用慣行農法，要改為自然農法的淨化過程中，作物的量會大減，對於需要有立即性收入的農民來說，難度較大。故目前自然農法較適合的對象，應該是較沒有經濟壓力的種植者，如一般居民、兼職小農等。

希望有一天，
能跟社區鄰里分享。

地瓜(葉)
很有愛的葉子♥
金時地瓜,讚!
我的地瓜
採收撲空
被老鼠
吃光光

今日天氣晴，日落時分下午六時半

出太陽、下大雨，不再只是出遊與否的定義，而是決定播種與否、澆水與否。只要耕種幾個月，每個人細胞深處的記憶都會被喚醒，進而慢慢跟上自然的拍子！

夕陽餘暉伴我回家

以前就聽過農夫的生活是「日出而作、日落而息」，當時還覺得這樣的工作很好，日落通常都是六點多，農夫很早就可以下班了吧？

之前在撰寫記錄關於住宅的書籍時，我很欣賞有些屋主的家，把周遭環境特性納入住宅設計中。像是太陽的路徑，夏天的日照角度比較陡（台灣夏至中午最高仰角八十八至八十九度）、冬天的日照角度比較傾斜（冬至中午最高仰角僅四十一至四十四度），只要把握這個原則，就可推算出屋簷的最適長度，以便把屋簷設計到可以遮住夏日炎熱的陽光、並讓冬天傾斜的暖陽照進室內。

不過，知道是一回事，眞正的體驗又是另外一回事。一開始，我對陽光沒有什麼覺察，因此去農地的時間不固定，有時甚至因爲覺得太熱，會偷懶拖到傍晚才去，結果半小時不到，天色就暗了；當我發現四周伸手不見五指時十分驚恐，心想怎麼突然這麼暗？如果要把暗度分級成一到十的話，中午是一，剛日落是五，但二十分鐘內黑暗指數就從五降到九了！在田裡完全獨自暴露在黑暗中，對一個都市俗的既定概念來說，黑暗就代表野狗成群即將出沒，會被不知名怪物吞噬，我腎上腺素瞬間飆高。很想用跑的又怕跌倒，連工具都沒有收拾就發抖著逃離現場。

在都市裡生活，天黑根本不會被察覺，路燈會自動亮起、室內也只要把燈開啓就好。而我耕作的這塊農地離產業道路有一段距離，很快的，我就學到要先查出當天太陽幾時下山、再設定好鬧鐘，在還有「餘暉」時就該準備收拾細軟回家了。

日出而作、日落而息

至於日落時間要怎麼查詢呢？後來我無意中發現google網頁有很棒的查詢功能，只要在搜尋欄打入「竹北日落」，就會在第一行出現該地當天的日落時間。一開始我以爲輸入全台各地名稱所得到的日落時間會相同，結果「高雄市日落」就比「竹北日落」還要晚五分鐘；而一年之中，太陽下山的最早時間跟最晚時間，就相差了一小時又四十三分！對農夫而言，冬天可以工作的時間相對變得很短！

若要「裝勤奮」，達到「日出而作」的神人境界，則要把握冬天的日出，因爲這時候的太陽會遲至六點半之後才會出現，對我來說，總比配合夏天的五點日出來得容易多了。雖是如此，夜貓子的我還是比較偏好下午再下田。

除日出日落外，現在每天起床也習慣查詢一下天氣，很熱嗎？下雨嗎？風大嗎？如果要在戶外待超過一小時，這些資訊將十分重要。我並不喜歡太熱的時候去，因爲很容易就不小心中暑；而到了秋冬之際，轉變成涼爽的氣候，微風徐徐，沒有蚊蟲也不會中暑，這時候到田裡可說是一種享受。

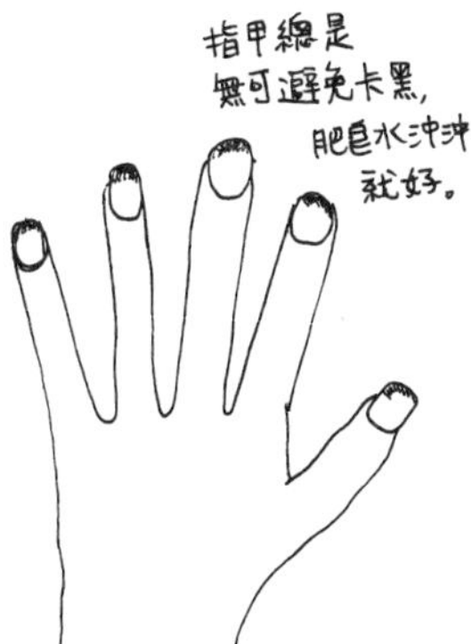

風從哪裡來

也許住在別處的朋友不太需要在意「風」這件事，但這裡是靠近海邊的竹北，風實在有夠大，四年前剛遷居來這裡時，還納悶爲什麼一天到晚都有颱風？後來才知道東北季風從廣大的東海擠進狹窄的台灣海峽、經過新竹苗栗一帶時，極易帶動新竹地區的氣流加速通過。

我承租的市民農園位於鳳山溪旁，北側就是海拔約一百多公尺的牛牯嶺，風常常從北側狠狠的吹過來，風時速每小時達三、四十公里是常有的事。剛開始我沒有查詢風速的習慣，傻傻的戴斗笠去，加上我的頭型是扁的，風就從後腦杓吹進去、把斗笠翻了一圈，這樣下來根本就無法做事，光是一直扶著斗笠就夠忙了。一開始我先用毛巾包住頭、增加頭殼與斗笠之間的摩擦力，但風更強時還是沒用。

後來我在臉書發文詢問朋友，有沒有什麼辦法可以固定斗笠？結果得到一個讓我頗爲震驚的答案……話說採茶姑娘及阿嬤們，都是怕晒一族，她們一定不能在工作時讓臉晒到太陽，於是用一塊長花布從斗笠頂部往下罩在兩側，然後在下巴處打個結固定，遠看，她們頭部的整體造型呈現如鑽石般的菱形結構體。

即使斗笠的遮陽效果超好，但一得知要用這種造型才有辦法解決斗笠被吹走的困擾，我當下決定低調一些、不再堅持非斗笠不可，改從櫃子裡面挖出十多年前老媽買給我的

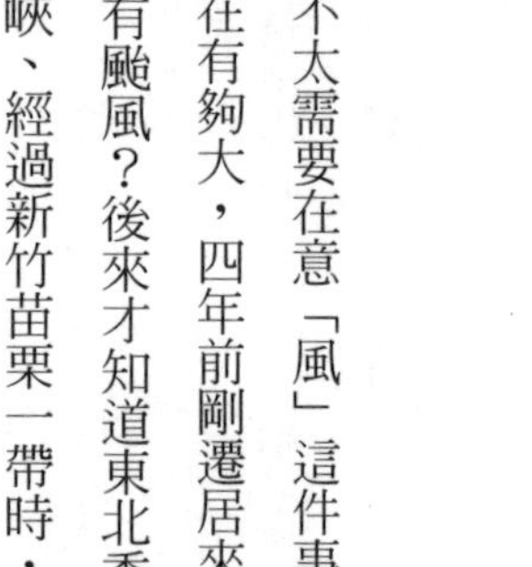

女用高爾夫超強遮陽帽
遮上面
柔軟不怕強風吹
遮兩邊
鈕釦固定

女用高爾夫球帽，它除了寬廣柔軟的帽緣外，抗ＵＶ的遮陽布可以同時遮住後頸及雙頰，末端還有鈕扣可以固定在下巴，與「花布綁斗笠」其實是同樣的原理，但看起來「業餘」多了。最後再搭配袖套，就成爲夏日的最適防曬配備！

用身體及心去感受一天晴雨的開始

話說回來，之前在金山拜訪一位自然建築屋主時，就曾聽說那裡有位年近九十的老先生，他有辦法透過觀察天氣與動植物，預測下個月或下一季的天候。「甚至，他還預測過隔年會有旱災，果然，隔年雨季沒下雨、政府限水。不知道是巧合、還是他眞的有辦法觀察出來。」那位老先生的事蹟一直讓我覺得不可思議。

而我在開始把觀察每日天候當成一種習慣後，覺得這可能性很大。瞭解氣候也可以帶來一些生活的便利，例如早上起床之後，我會把手心貼近窗戶紗窗，感受一下今天的風向與強弱，是北還是南？若是稍有力道的北風、東北風，今天可能會是乾爽的一天；若是悶悶的南風，加上陽光不是很強，那可能會有午後雷雨，出門就要記得帶傘。

深口袋
不沾鬼針．寬而不鬆
耐磨．透氣
縮口
(才好塞進雨鞋)
工作褲

冬天，太陽下山的速度比夏天快，如果要到沒有路燈的山區借宿屋主家，就知道務必要趕在四、五點前抵達，

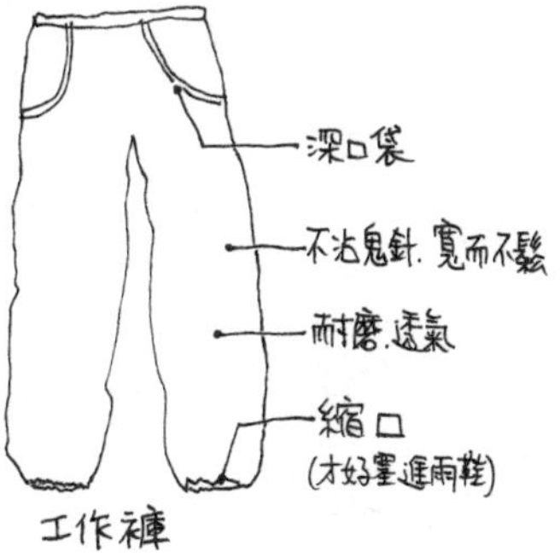

天一黑，山區遍地暗幽籠罩，可是會讓人發抖的。

現在，因爲有電力的提供，熱了就開空調、冷了就開暖氣、暗了就開燈，人類的生活習慣與自然的節奏脫節，不再日出而作、日落而息。春不暖、夏不熱、秋不涼、冬不冷，我們的生活環境變得跟嬰兒保溫箱一樣恆定，殊不知天地之間唯一不變的道理就是恆變，一旦身體過度依賴恆定的環境，稍有點氣溫濕度的變動，被寵慣了的身體就會感到不適。

喚醒細胞深處的記憶 在大自然生活的本能

畢竟，人類的身體還是本能的會映照著自然的節奏，生理時鐘就是其一，體內的各種臟器會在特定的時間運作，例如因爲有夜間照明，現代長期熬夜、日夜顛倒的人頗多，其指甲背常呈隆起狀，據說就是肝毒累積影響造成。

還有，炎炎夏日躲在室內吹冷氣，就以為不會中暑，其實還是會導致「陰中暑」。以前在台北都會上班，中午大太陽外出吃中飯，才剛要冒汗就回到寒冷的辦公室，毛細孔立刻「束起來」、腦袋變得昏沉、有種想吐的悶感。後來才知道原來這就是所謂的陰中暑，陰中暑是人體的熱被周遭的冷空氣包住、散不出去而導致的中暑。

有了那樣的不舒服經驗，炎炎夏日的上午到下午四點之間，我是不敢開空調的，好讓毛細孔減少大幅度漲縮的頻率。我寧可只吹電扇、流汗、大量補充常溫水，我覺得這樣一來可以避免陰中暑、同時又可以省掉空調運轉的電費，沖個澡也挺舒服。當然，若是很悶濕的陰天（午後雷雨之前，沒風且濕熱），那開二十七度搭配電扇就可以了。

我很感激透過耕種，變得對自然元素更加敏感。原本只能冠上「美景」一詞的彩虹、雲朵、夕陽、細雨……都成為我練習解讀氣候的訊息。而出太陽、下大雨，也不再只是今日適合出遊與否的定義，而是決定播種與否、澆水與否的現象判讀。這種感覺其實不陌生，而是似曾相識。只要在土地上耕種幾個月，每個人細胞深處的記憶都會被喚醒，進而慢慢跟上自然的拍子！

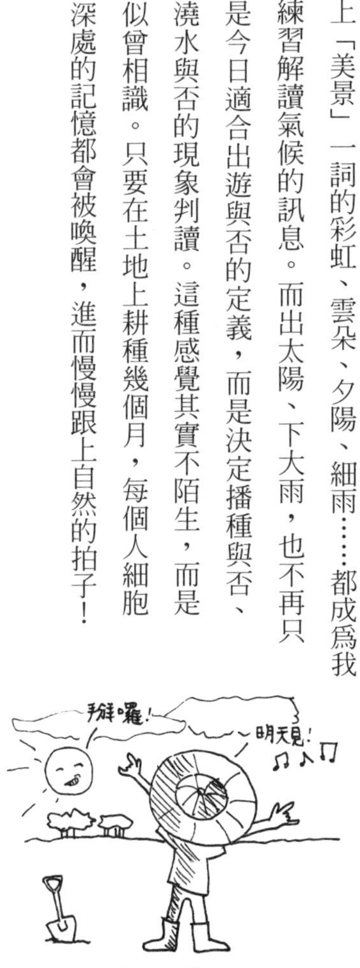

太陽下山前5分鐘
練習吃太陽（Sun Gazing）

落花生

卵型葉對稱如蝶
也可種在花盆內。

哈囉！
同鄉♥

和土地博感情，美好生活初體驗

從種植、照顧、到採收，對我而言很像耶誕節期待禮物。作物就像一個非常非常大方的耶誕老人，你跟他要一個禮物，他給你十個。

為自己選擇人生的死法

平時我的生活主要是寫作、遛狗散步、採訪、講座，偶爾參加一些有興趣的課程與活動、或者拜訪鄉間的屋主。這樣的生活已經很順、很開心了，但我永遠都是在聽、在記錄、在羨慕他人，本身卻沒有試著去實踐所嚮往的自然生活。

促使我眞的起而行、想要找一塊耕作之地的媒介，則是在讀了史考特．聶爾寧夫婦的《美好生活》一書之後。

二〇一二年流行世界末日之說，因此我幾乎每天都想著，自己的人生算是很幸福了，我充滿感激，即使明天就是世界末日，也沒什麼好遺憾的。

不過，世界末日顯然沒來，我倒是想要試試「史考特（Scott Nearing）式的死法」。直到九十九歲，史考特仍舊行動自如，可以劈材、搬運乾糧、務農，但在一百歲來臨前的一兩個月，他決定以「禁食」方式結束自己的生命，他以柔和緩慢的方式削減自己的精力，並於一百歲生日過後十八天安詳去世、有意識的邁向死亡之路。

雖然在書中只約略提到這部分，卻已讓我覺得這種死法有夠酷。後來透過網路搜尋找到史考特的老婆海倫接受訪問，講述史考特禁食自結這件事。

在史考特死前一兩個月的某一天，他坐在餐桌旁，平靜的看著正在用餐的海倫跟農場

平靜無罣礙的死去，
是我的人生目標。

義工，接著他說：「我想我不會再吃任何東西了。」

「好，我瞭解。」海倫回他，「如果是我也會做同樣的事。動物知道何時停止，牠們不會再進食、並且在角落等待（死亡）。」海倫是史考特的第二任老婆，兩人年齡相差二十一歲，共同度過五十多年的歲月。

接下來的時間，海倫持續給史考特喝各種果汁，像是蘋果汁、葡萄汁、鳳梨汁……等，「我想讓他保有充足的水份。他很快變得越來越虛弱、瘦得像甘地一樣。」

過了幾天，史考特說，「接下來我只想喝水。」

「接下來十天，史考特臥病在床、無法起身行動，需要人照顧。但他還是有一點點力氣，每天都可以跟我說話。一九八三年八月二十四日，在他生日的兩週之後，我坐在他的床旁邊，我感覺到他正在一點一滴的流逝。」

當下很安靜，沒有干擾、沒有哭泣、沒有醫生、也沒有醫院，只有史考特的呼吸聲及海倫的陪伴，海倫說，「沒關係的，史考特，你安心的去吧。你已經在此生度過美好的生活、完成了你的心願，跟著光去吧，我們愛你而且願意讓你離去，沒關係的。」

「……ㄏ……ㄠ……。」（...all...right）

海倫描述，史考特最後以不帶痛苦的柔和語調回應之後，呼吸變得更慢……更慢……然後終止。就像秋天的紅葉，從樹梢緩緩的飄落、回到大地。

每個人出生之後，在過日子的同時也在邁向死亡，但是死的方式卻各有千秋，我不太在意是否能長壽，但我希望自己死的時候不帶任何恐懼及牽掛，是心情平靜且有意識的知道自己即將死去，這應該是我人生的目標之一了。

半農半X生活前奏曲：租地種菜

史考特做到了，他和他的人生伴侶是以類似半農半X的方式來做爲實踐的方式：「少量的金錢、半天的工作、享受清明與寧靜」，他們的模式給予我方向。

於是，兩三年前，我有段時間曾頻繁尋找新竹近郊的農地，看了不下十塊地，但農地價格對我而言都太貴，而且還不像住宅可以分期付款，便宜的土地則隱含著問題與陷阱。一次，我在峨眉鄉看到一塊很理想、價格也異常便宜的農地，八百坪只要一九八萬。但在簽約之際，我們臨時發現此地所有權人不只一人，而且似乎有產權不明的疑慮，趕緊收手。現在想想，眞的很幸運，沒有因此被這塊地套牢。室友阿隆說：「天公疼憨人，不過我們當時也憨過頭了。」

有了那次的教訓，我對找地耕種的幻想暫時擱置，畢竟預算眞的不夠，就算買了一兩百坪的小塊農地，恐怕連整理都有問題。依照我三分鐘熱度的個性，很可能就放棄了。

我靜下心來思考，爲什麼想要買地？之前寫了兩本蓋房子的書，我知道蓋房子的各種成本高，而且若沒有預先瞭解自然農法，地主對土地很難是友善的；蓋房子不如改造原有的老房子、或者拆掉原地重建，對環境衝擊較小。蓋房子必須是在評估過環境後，才決定要蓋與否一事。

初春。滴著汗、徐徐涼風迎面吹來……這樣就夠了。

有些雜草並不強勢，於是我決定保留友善雜草（非強勢雜草）來取代難以獲得的乾稻草作爲表土保溼層。左爲白蘿蔔、右爲胡蘿蔔。

在摩天嶺以自然農法施作的世豐菓園，因沒有施除草劑與農藥，處處可見可愛的青苔。（圖片提供：林世豐）

因爲很喜歡吃蘿蔓生菜而決定自己種，但看到蟲兒螞蟻在葉子上爬過，自己種的反而要煮過才敢吃。

我很愛吃芥藍，第一次種就長大，捨不得採。直到準備開花了，才忍痛採了幾片葉子吃，但葉子已經老了。所以，種菜也要懂得「捨得」啊！

我想買地的主因，無非是想要學習種菜、體驗務農，以便過著半農半X的生活。我繼續推衍，如果現在預算有限、其實也不要勉強自己，租地也是一種入門的方式，畢竟，史考特跟海倫也不是第一次就選到了終身定居的地方。而我，完全沒有農耕經驗的人，更需要一點暖身才有辦法知道自己適不適合這樣的生活方式。

戀上農園
發現土地的生命力

租了被農友暱稱為「開心農場」的市民農園後，一開始進行各種種植實驗時，簡直就像熱戀，我可以擺脫以往晚睡晚起的習慣，清晨六、七點就跳起來，「玩」到正中午休息一下以免中暑，下午如果時間及體力允許，就再來到農園。我媽笑我租地是三分鐘熱度，我反駁，「總比一次砸下幾十萬、貸款買地好吧？」她就笑不出來了，不過她還是吐槽我，大概三個月之後我就沒興趣了。

我本來也有這種顧慮，但神奇的是，土地一直在變，種菜耕作其實並不無聊。就像養寵物，一隻狗或貓，不會在養了三個月後，就覺得「牠只有這樣」而丟棄（除非遇到冷血腦殘的飼主）。

土地是活的，你任何加諸於其上的行為，它是會有所回應的！也許不是馬上，但兩三天、一週後，你丟下去的種子，它會長出幼葉，再大一點會吸引蝴蝶產卵；沒有清理乾

淨的鬼針草莖，也會長出氣根，趁你不注意又開花結籽、再度擴增它的地盤；你用乾稻草覆蓋保護的地方，土壤會變得鬆軟、蚯蚓聚集。

一個月後，從沒有長期務農的身體，出現了疲累、酸痛，我的手臂手指、臉都被晒得黑黑的，「你最近臉怎麼看起來老老的？」室友白目又直接的關切，讓我內心警報大作。

於是，除了趕緊添購一些基礎的臉部護膚保養品外，我與這塊田的互動也從熱戀期轉變到穩定互動期，因爲生活中除了下田，還有採訪寫作、準備演講、參與社區活動等其他工作要進行，每天都泡在田裡、無可自拔也不是辦法，我開始減少每週下田的次數，畢竟從現實面的角度來看，我目前並不能從務農這塊換取足夠的生活費用。

讓下田成為生活的一部分而不是全部

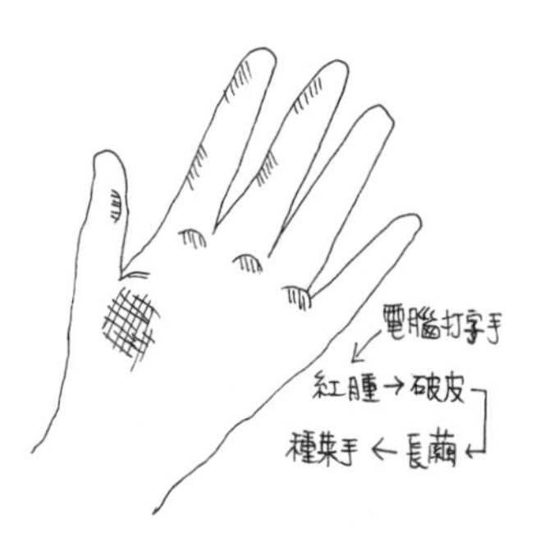

《美好生活》裡，他們根據「四四四」原則來分配一天的時間，四小時勞動生產、四小時從事自己有興趣的專業研究、四小時參與任何種類的公益活動。

但我目前的條件不像史考特，房子周遭就是田地，我租的田離住家六公里多，必須開車約十五分鐘才能抵達，如果每天下田，很多時間都花在交通、等待紅綠燈上，而且也耗油。因此我決定，除非必要，不然一週去兩、三天就好，依照自己的行程，我通常選週一、週二及週五的下午，週三、週四、週末則安排需遠行或出差的工作。

在田裡，不論是種植、做覆蓋物或拔草，時間都過得很快，明明前一分鐘才兩點多，轉眼間就天黑了。不知何故，我在田裡面工作時十分的專注，完全沉浸在自己的世界裡，雖然沒有開口，但我都聽得到大腦在講什麼：「這是甜菜根的葉子嗎？好紅。這是什麼野草？回家要查一查。鬼針草！快拔掉！」我太過專注，有人靠近或經過都不知道。常常，臨時過來聊天的農友，開口講第一句話的時候，我都會被嚇到，可能被嚇到的樣子很明顯（身體抽一下），

後來大家要過來的時候，會先發出大一點的腳步聲或咳嗽一下。

如果腰跟背沒有抗議的話，我的專注可以維持一兩個小時不分心，連自己都覺得不可思議，如果寫稿可以這麼專心就好啦！

和自種蔬菜從抗拒、到生出感情 體味現採新鮮的口感

雖說要邁向自耕自食的理想生活，但在種植之初，出於某種莫名其妙的潔癖障礙，隨著作物冒芽、越發茁壯，雖然很欣喜，但看到蔬菜葉子上陸續有蟲便、蟲卵出沒、還有小蝸牛爬過的痕跡後，我便打消要吃它們的念頭。

我已經習慣吃那種「淨白無瑕」、或者沒有親眼目睹蟲爬過的蔬菜。雖然心知肚明如此完美多是因有農藥或化肥的加持，但那樣的菜反倒讓我「放心」而不是噁心。

農友催促我可以採收黑葉白菜、小白菜、芥蘭菜了，我呆呆蹲在地上看著蔬菜那充滿「野性」的長相，完全失去吃它們的興致，我決定「忘記」採收，於是我種的第一批蔬菜慢慢變老、結種子、枯黃，我給農友的理由是，我希望能夠「自家留種」，培育下一代。

眞正開始敢吃自己種的菜，是從白蘿蔔的採收開始。從土裡拔起的白蘿蔔，雖然葉子有很多蟲啃蝕的洞，但我要吃的並不是它的葉子，而是它的塊根。塊根長得還算乾淨，只要把皮削一削，然後切塊水煮，它就會呈現淨白無瑕的面貌，美濃早生蘿蔔的口感更讓我十分驚喜，從未吃過這麼柔軟、入口即溶的白蘿蔔！

另外，我原本種來破肥毒層的深根系作物糯玉米，玉米的生命力之強悍、勝過其他作物。不用特別照顧它，也會爭氣的長出玉米筍（其實應該等它長出玉米粒，但我喜歡玉米筍的口感），有時當我在田裡覺得太餓、缺乏血糖又不願離開時，我會直接在田裡把玉米筍剝開、連同玉米鬚一併直接生吃充飢，雖然口感帶有一點點腥味，但其實還眞是不錯吃，帶有淡淡香甜味。現採的新鮮口感讓我體會到自種的好處，漸漸的，在這塊小田裡，我敢吃的自種作物也越來越多。

網路族變身菜園宅女過「實在」的生活

透過田裡循序漸進的勞動，我感覺自己的靈魂與生活得到某種程度的救贖。原本，我生活主要的工作就是出差、採訪、寫作、經營部落格。這些工作項目有一半需使用電腦，只要使用電腦就會上網，接著就會一發不可收拾，原本只是要查詢資料，結果間接搜尋到其他資訊，就忍不住再延伸搜尋下去。

如果在家，幾乎都會上網超過八小時，記得有幾次網路突然連不上，即使當時沒有緊急電子郵件要收發，但心情還是變得暴躁，明明可以趁無法上網時好好寫稿卻寫不下去，一直急召電信公司修復網路，直到網路重新連上，我才鬆了一口氣。事後反省了自己的心情起伏，發現我太過依賴網路了，已經超過平均值，讓我聯想到前陣子某大學男生宿舍因網路被斷而群起暴動的新聞。

自從耕種這件事成爲生活的一部分之後，我發現臉書及網路對我的吸引力大爲削減，有時候甚至可以兩、三天都不需登入到臉書。原因之一是白天在田裡已經很累也夠好玩了，回到家，吃個晚餐、看幾頁小說或回覆電子郵件，就差不多該入睡了。

我很開心能夠稍微擺脫臉書上癮症，雖然它總是能提供許多新鮮的資訊與朋友動態，但臉書持續縮減使用者的自由度，廣告騷擾及隱私問題卻日益增加。耕種勞動，讓我轉移注意力，降低使用網路的時間。

我也減少了趴趴走的次數。以往每個月大概有三分之一的時間出差，有時是爲了採訪、上課，有時純粹是好玩，去朋友家玩、或農夫朋友的家體驗。現在除了每月安排的受邀講座與採訪外，我盡量讓自己在定點生活。室友阿隆有點擔心我的轉變，他覺得我正在縮小自己的社交圈，不像我原有的行事風格；沒有朋友的生活，可能會因此讓我變得鬱鬱寡歡、甚至影響我的寫書進度。

「你好像變宅了？怎麼都沒去找那些屋主了？去找他們玩啊。」阿隆指的是之前寫書時因受訪而成爲朋友的屋主。

「我就是羨慕他們，被他們激勵，才會租塊小田自己玩啊。」

「還有狗友、同學、前同事，怎麼都沒去找他們聊聊呢？」他又建議。

「每天在田裡流汗、泥濘就已經很累了，不知道要聊什麼啦。」我推卻。

事實就是如此，有了這塊地之後，我有點想要隱形。我暫時不想聽感人肺腑的精采故事、寫文章歌頌了不得的人事物，以上這些都很精采，但是，就像連續看了一個月的奧斯卡最佳影片，再怎麼精采絕倫，光是「看」、光是「聽」、光是「記錄與傳遞」，也會有困惑的時候。

「我覺得在田裡忙東忙西非常『實在』、也非常快樂。」我跟阿隆解釋，「你知道嗎，在田裡有助於讓我更容易『旁觀』自己。例如拔除鬼針草這件事好了，前三個月我還對它那近乎蟑螂的生命力充滿怨念、每拔起一株就帶著怒意。但是今天，陽光很柔和、微風吹徐，我在拔除鬼針草的時候，心情輕鬆、充滿歡喜及愉悅，我還哼著歌，這好像是渡假的心情！」對同一種場景，演化出不同的觀看心情，這也許是一種修煉吧？期許自己做到像《金剛經》那樣「應作如是觀」的豁達。

英文單字 Escape，表面上是逃離、逃避之意，但也有放鬆、遠離日常生活的意思，通常是暗指去渡假、接觸自然等，不過到田裡勞動、轉換平常的工作調性，對我同樣也有療癒效果，無怪乎有句英文諺語：A change of work is as good as rest，兼職與休息效果一樣好，這輩子，至少兼職一次農夫，對生活一定會有加分！

是「自然」使人得到轉化

我想到了台東的秀明農夫義隆的老婆曉萍，她在搬去台東之前是銀行高階主管，現在她每天埋首於果園及菜園之間，比義隆還要更加沉浸在耕種勞動之中。我去拜訪他們的那幾天正下大雨，當我跟義隆從另外一塊農地跑回來躲雨時，曉萍沒有撐傘，依舊在菜園裡忙著，雨眞的太大了，她才慢慢的、濕答答的走回前廊，表情沒有任何不悅，反而是如魚得水、享受其中的表情，「我太太比我還熱愛這樣的生活，對作物的照顧比我還要細心！」誰能預料如此熟稔數字金錢的專家、竟然更熱愛務農？許多人以爲自己這輩子就適合做某些工作，但有時必須試過才知道。

同在「開心農場」租地種菜的農友，不論是不是施作自然農法，大家在務農的時候，儘管汗流浹背、或者收成不如預期，大家心情通常都很好。有次我眼角瞥到正在搭網的辛先生，臉上疑似掛著上弦月般的笑嘴，我還以為他正在對我笑，覺得沒道理，於是再偷瞄他幾次，才確定他真的在笑。不論他在想什麼，務農似乎讓他心情好、才會忍不住笑開懷吧。

有位農友是上班族，平常上班已經很忙了，但週末仍願意早起前來耕種，而不是去找些景點玩。「週末要渡假、旅行，我就帶全家來這裡渡假旅行，又不會塞車，多棒！」一位五年級的年輕爸爸這樣說，他在搭絲瓜棚架的時候，兩個學齡前的女兒就在旁邊，拿些菜葉跟泥土扮家家酒，「不用花門票錢，就可以開開心心，還有收成。」

「在這兒種菜，一年下來為我們家省下近四萬元的菜錢。」小蘭說。小蘭跟辛先生是全天農耕者，退休後決定靠種菜打發時間，每天上下午都會來菜園報到。一家五口，每週菜錢約七、八百元，但自從他們開始在九十坪的市民

農園耕種後（承租一塊、認養兩塊，共三塊小田），蔬菜都能夠自給自足，有時收成太大量，他們還會分送朋友或農友，我就常分享到他們種的菜。

扣除小蘭沒有算到的成本，也就是租金每年四千元，外加平均每季從農藝資材行購買菜苗約四百元的費用，還是可以省下三萬五的菜錢，只是這對辛勤的夫妻幾乎上午、下午都會來，付出的人力及時間成本當然就不是一般人可以負擔得起。一般人不求省菜錢，而是換來健康的身體、愉快的心情。

我對務農的熟悉感漸增，每次去田裡，伴隨著陽光、風、水、還有偶爾滿滿的收成，雖然偶爾還是會被蟲或螞蟻嚇到，但我漸漸可以體會到 Escape 的感受而忍不住哼著歌。

點滴栽種、滿滿收穫

從種植、照顧、到採收，對我而言很像耶誕節期待禮物。作物就像一個非常非常大方的耶誕老人，你跟他要一個禮物，他給你十個。一顆比掌心還小的馬鈴薯切片，憑藉著一點點自身的養分與小芽點，在三、四個月內竟結出近十顆大大小小的馬鈴薯，我原本以爲只會有一兩顆就了不起，「馬鈴薯你這麼盡力幹嘛？你難道不知道你的後代最後都到人類的肚子裡去？」我很開心的採收、但內心也充滿疑惑，爲什麼它要這麼盡力狂長。

玉米、白蘿蔔、甜菜根也一樣，如果沒在幼苗時期夭折，這些作物總是盡力成長茁壯，種下去之後，頂多澆水跟拔草，根本不用花太多心思照顧。也許，作物其實知道自己所

生產的後代，會被人類吃掉一大半，但人類如果覺得好吃，就會再種，這樣它的後代就得以持續繁衍了吧？或者，它們只是在短暫生命中，依照本能，盡情的綻放生命力？

這麼說來，植物是透過分享（分享給蜜蜂、鳥類、人類、動物）來繁衍後代，而多數的人類卻是透過消耗地球資源來繁衍後代，行事風格眞是大不同啊！

雖然我渴過史考特跟海倫那樣的「美好生活」，但跟他們比起來，我還在學步階段，連幼稚園都不到，何德何能可以擁有一塊地？

現在想起來，還好我沒有先買地，不然可能因距離、預算、時間等因素，那塊地、連同美好生活的夢想都會被一併丟棄，我也很可能因爲無知就這樣毀了一塊地。

還好我先租地，它離我住的地方雖然有段距離，但十分鐘車程總比四十分鐘車程好；它已經先被事先規劃好，而且有農友一起，雖然種植方式不同，但仍可相互照應打氣、分享種植心得。

我可以藉此測試自己的能耐，如果我可以持續對它保持興趣與好奇心、耕種超過兩年，也許才有資格做進一步的買地計畫吧！

沒下肥的「放山」高麗菜

腳下踩著的，是實質的土壤，也是心靈的母土

他們看待土地像是看待親人。土地有自己的個性，也會順著地主的耕種方式而呈現不同的姿態，隨著四季變化，有時照顧起來很累人，有收成時又很可能讓人受寵若驚。

耕種，不只是我所播下的種子在菜園裡紮根、伸展。我內心深處，還有一顆與土地連結的種子，也同時播下了；它發芽、生根，它從大地之母所吸收到的養分，我的精神也接收到了。我關注著腳下的這塊地，同時也關注著從這塊地延伸出去的土地、其他地方的農田與山林。

十二月初，算一算在市民農園這塊小田地裡玩了三個多月了，從汗水淋漓的夏末及秋老虎，不知不覺中轉爲帶有涼意的初冬。

我已經數不清自己種過哪些東西了，撒下的種子若沒有發芽、或者淹沒在雜草之中，很容易種了就忘。

我的土地被徵收了！

連續兩週的綿綿細雨，雨水隨意地積在許多低窪處。雖然覆蓋物堆成的菜畦本身比較高，但我的農園裡的菜畦就是隨意的一落一落，不但沒有系統、沒有水路，也讓水到處漫流，隨處設置的結果，反而造成通行不便。

也許懶人農法沒有想像中簡單，基本工程還是得做，望著這一窟窟的水坑，我開始警覺到水路的重要性。

於是我跟室友決定沿著菜畦群的最外圍，先挖出一個封閉型的大溝，然後每個菜畦之間再挖相通的小溝，每條小溝最終會與大溝相連，如此一來，下雨的時候，雨水停留在溝中的時間久些，周遭的植物根系可以吸收到更多水份，雨水也可以有系統的排出、而非四處漫流。

當我們正一鏟一鏟辛勤地開挖時，隔壁田的陳阿伯站在他的田埂上對我們喊：「你們這麼努力是在挖什麼啊？」

「挖水路啊，比較方便排水啦！」

「不必再挖了啦，這個月底地主要收回去了啊。」

「什麼！？係金ㄟ嗎！？我都沒聽說耶！！」我很驚訝。

阿伯說，當初農會跟私人承租的土地，並非單純由一位地主所擁有，而是同一家族的幾個成員共同持有，而與農會簽約的僅有其中一位作爲代表，自然容易產生漏洞。最近其中一位地主想把地賣了，決定收回屬於自己的那區土地、只賣不租。農會總共把市民農園規劃出Ａ到Ｇ等七個區域，要賣地的地主擁有Ｅ到Ｇ區，總面積約六百多坪，而我租的田就正好落在Ｅ區。

我本來覺得不必擔心，反正都跟農會簽約一年了，而且謠傳要賣的區域裡，共規劃成二十七塊小田、有二十多位承租戶，大家都很用心經營、維護的頻率也很高，怎麼可能會任憑這種事情發生？看著周遭的人似乎依舊照常耕種，心想這應該只是空穴來風、或者地主放假消息探探風聲，於是我們根本沒有把這個訊息放在心裡，繼續努力開挖草溝，

同時準備分批把冬季預計可以種的作物播種或育苗。

直到十二月中旬的某天上午，農會相關窗口來電，劈頭就說，「林小姐，你在E區租的地，因爲地主說要把土地拿去賣，所以要把你們移到A區跟B區，趕快去選地！這個月底前一定要搬走喔！」他講得很快，我才剛起床，大腦還不是很清醒，正在思考他在說什麼時，他調侃說，「太久沒去種了喔？都不知道自己的地是哪塊嗎？」聽到他這麼說，我有點惱怒，「什麼叫做不常去？我常常去好嗎？你們這時候突然通知，什麼前因後果也沒交代，東西都種下去了怎麼辦？」也許他這麼說是要替自己找臺階下，反正承租戶不常去，所以就算突然換地也無所謂。

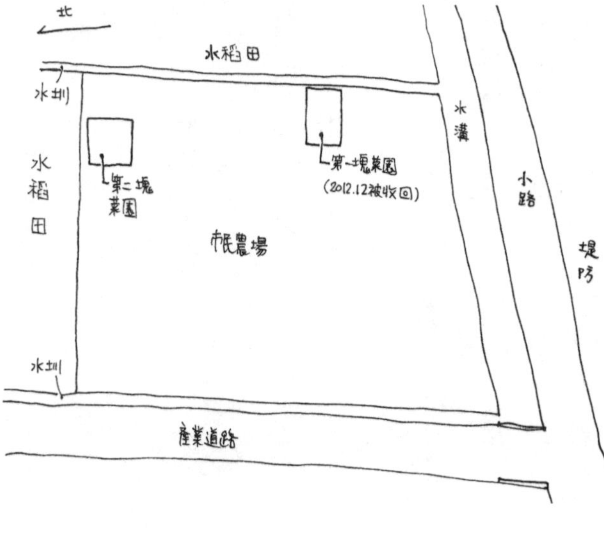

「唉呀，眞的很抱歉啊，」電話中原本有點命令式的語氣轉爲和緩，「我們也不希望這種事情發生，不過我們有把A區跟B區重新用怪手整地、還要在北面打樁架網好幫你們防風。現在你們要重新選地，先搶先贏啊！」他也安慰說，雖然口頭上是要求農友們十二月底前遷移，但他們也不會立刻整地，所以不用擔心農作物的問題。

當天下午，我來到最容易積水的A區，發現臨路且較高的區塊早已被選走，我能夠選的只剩下五塊最內側且易積水的區域，積水並不一定不好，就看種什麼作物，也許芋頭就很愛這樣的環境？於是我選擇了最內側倒數第二塊及第三塊田。

一對遠從新竹市區來的夫妻，年紀應該跟我差不多，常常大中午（我猜應該是午休時間）開著進口轎車來務農，皮膚白皙的妻子，似乎不太怕熱，可以拿著鋤頭猛揮半小時、俐落的闢出一段菜畦；而高壯的先生看來很熱衷於菜園裡的各項施工。他們前後花了五千多元的材料費，幫三十坪的菜園安裝定時澆灌系統，同時也辛辛苦苦架設了兩排頗專業的防蟲小網室。「如今這些心血都白費了！」她說。

我催促她趕緊去A區或B區選地，她說，那邊離慣行農法的田太靠近，很容易就被農藥污染，他們已經打算放棄，不要再來這裡種菜了，「而且，誰知道下一個地主會不會也來這套呢？」她割下小網室裡一株近乎完美的綠花椰菜送給我，它沒有下肥，不過由於有網子保護，得以自然順利的長大。

我心想，在這四周都包圍著慣行田的地區，只要當天有人噴灑農藥、加上風吹，不管遠近都一定會沾染到的，然而農藥其實有一定的效期，過了一段時間，幾乎已經檢測不到、或者已經降到安全值以下。以目前的狀況，我們很難要求預算有限的自然農法或有機農法農夫，找到一處四周都沒有污染、沒有慣行的世外桃源耕種。但我覺得反而要鼓勵這些人，直搗慣行農法的地盤，直接在慣行農業區裡面示範無農藥栽種，如此一來，

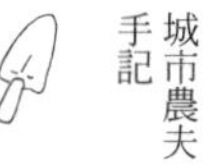

眼見為憑，才有可能說服其他農夫也加入無農藥的行列。在花蓮已經有成功的例子，希望在西岸也可以漸漸推展。

另外還有兩三位約五、六十歲的承租農友們，也心情沈重的在自己的田裡收拾善後、拆除自己搭建的小涼亭與瓜架，他們多半都已經在這裡經營了兩年，可說都是元老級的農夫了。

他們有的在此培育了許多罕見的草藥、蔬菜品種，甚至在此交了新朋友，來這裡不只是種菜，還可以聊天、分享趣事，更進一步還相約共同去爬山、出遊，小小的三十坪田已經成為他們生活的一部分，現在這些累積卻要被剝奪了。

怪農會？那時農會不知案情如此複雜，簽約者也沒給予確認。怪地主？他也許有財務上的緊急需求。這些承租戶，都是摸摸鼻子、自認倒楣，農會也算有一點點補償的誠意，把地整好讓部分願意續種的承租戶有一個比較順利的開始。

耕種、開啟了人與土地連結的密碼

透過這件事，我也稍微理解為什麼有些老農夫，「誓死」捍衛自己的土地。就像苗栗大埔的朱馮敏阿嬤，為什麼寧願喝農藥自殺，也不願看到自己的土地被政府及財團踐踏。

二〇一〇年，當我看到苗栗政府以怪手毀田，而且還是選在結穗的時機，當時我並沒有太大的感觸，只覺得當地政府很是霸道，當時，我對良田其實是無感的。而我與其他人討論的時候，也奇怪於這些農民爲什麼硬是不接受政府給予的新土地或金錢賠償，而是要死守著那塊不一定每年都可以順利收成的田地。

當初我自己的猜測是，可能是祖先們留下的土地，再怎麼樣都要死守吧。而有些朋友則認爲這些農夫住戶純粹是「貪」，政府的賠償金額不符合他們的要求，所以他們才要出來「鬧」，不足爲奇。

一般看待土地價位的方式，是從座向、肥沃度、有增值力等條件來看，若依照這樣的條件來看，大埔土地周遭有工業區、柏油路圍繞，污染源頗多，若不是政府的開發案，很難有增值性、看不到市場。

可是當我開始在菜園耕種、穩定而長期的接觸土地後，「噹！」就像某個頻率被接通似的，我突然可以理解朱馮敏阿嬤、張藥局等其他地主，爲什麼始終不願交出土地權狀、也堅持不接受補貼、換地。

他們看待土地，像是看待自己的親人。土地有自己的個性，也會順著地主的耕種方式而呈現不同的姿態，隨著四季變化，有時照顧起來很累人，有收成時又很可能讓人受寵若驚。雖然客觀來講，土地的條件不是很完美，但卻讓人甘願做、歡喜受，當有人欺負侵犯土地，就像有人侵犯你的親人，會心痛也會難過。

包括在市民農園周邊種稻的農夫，即使對蟲害或各種不

便感到惱怒，抱怨完了還是細心的經營管理農田；不輕鬆，卻甘願。所以，這就是爲什麼陳阿伯明明都已經收割稻穀了，沒有什麼事情可做，還是每天都要來「巡田」。

大埔農民邱玉君說，「怪手每挖一次，就好像從我身上刮掉一塊肉，眞的很痛……」當時我覺得這樣說法未免也太戲劇化，但現在我懂得她的意思了。

我覺得比較神奇的是，以前對土地沒有特別深入的情感時，我是以局外人的角度在同情這個事件的相關人物，而有了耕種經驗後，則更能同理他們的心情。「一方有難、八方來援」這樣的農村精神，一直從早期的農業社會延續到現在的社會運動，各地的農人團體總是能夠相互支援。

今年元宵節過後的某一天，我沿著住家附近的田間小路騎單車，小路兩旁散落著人們放煙火後遺留下來的煙火空盒等垃圾，即使如此，我內心只是小小嘀咕，美好的騎乘心情並未受到影響。

接著我看到一個巨大的煙火盒被丟棄在剛收割過的田地正中央。放煙火的人完全沒有把田地當一回事。我不願農夫在過來巡田的時候，看到自己的田被如此糟蹋，於是走進田裡，使勁的把這一大箱煙火盒拖到田外面、拉到草叢旁，「這樣，雖然農夫來巡田依舊會看到這煙火盒，但至少沒有被羞辱的感覺。」我心想。

接著我才意識到並訝異於自己的行爲，以前的我才不會在乎有什麼垃圾在田裡，看到了、然後就經過，現在卻會介意一個煙火箱。

就是從此刻開始，我意識到我與土地已經被連結起來。

「永續」才是對人與大地都好的解法

我希望有越來越多的人把這樣的連結建立起來。就像《駭客任務》裡接往母體的電話線一樣，人與土地的線路一旦接通，才有可能回歸大地之母。

第一個需要建立這樣連結的，就是居住在都市的你我。

這樣我們才會懂得農民的語言、疼惜農友，充滿生命力的土地才能夠被珍惜與尊重。第二個需要建立起這樣連結的，就是當權者，也就是做決策的官員及經營者，因爲當他們有了這樣的連結，可以做出更觸動人情感與生活基底的規劃與政績。

政績絕對不只是「建設」與「開發」，「永續」才是對人與大地都好的解法。還有更多永續的決策可以做，但每個人必須先與土地重新建立起連結才行！

紅藜

謝天謝地：大地賜與人類的禮物

撥開第一株的土壤，沒幾下指尖就探到厚實的球體，一顆卵型的馬鈴薯探出頭來，表皮薄且細緻、呈現土鵝黃色的質感，我不自覺的驚呼，它比我預期的還要大好多！

將森林的植物自然混生模式運用到農田

能否將森林的運作模式複製到田裡？森林裡的樹木、草花，多是世世代代繁衍而出的結果，它們沒有經過人爲的刻意保護與施肥，還是可以成長茁壯。不同種類的植物混生，高大的樹林下有中低矮的草花野菜圍繞，樹木提供陽光遮蔽，低矮的草本灌木則幫樹木的根系保水。枯枝落葉飄落地面之後，很自然的就在表土形成覆蓋物，讓土壤裡的微生物可以安穩的繼續作用，將一層又一層的覆蓋物變成土壤，讓森林的土壤永遠維持柔軟、且富含水分與養分。

想像一下，如果菜園可以自成系統，人類無需特別介入，只要定期維護、適度調整菜園的演化方向，控制雜草蔓延、並確保人類需求的作物及野菜穩定地盤，這樣人類輕鬆，菜園又能夠形成豐富的生態系，何樂不爲呢？

自然農法的農夫時常強調自家採種的重要性，原因就在於，要讓土地自成系統的重要關鍵，在於作物本身的適應力。某塊地上順利成長的作物，已經習慣該土地的「風格」，此風格包含土質、微生物、氣候、昆蟲、人爲外力等因子，作物在結成種子的時候，會把這個環境的記憶帶進去，種子的第二代、第三代，會比購買來的種子更加適應該塊地。

現在市面上有許多已經配好的「品種改良種子」，我曾經誤買過品種改良的高麗菜種子，品種改良通常都是雜交第一代，種子包裝會標示F1，取自父母的好基因、種出來的高麗菜又壯又漂亮，也沒有什麼蟲吃。但它的完美只侷限在第一代，第二代之後隔代變異的比例大幅提高，缺點容易出現、難以留種，這讓人們更加倚賴購買企業生產的F1種子，這也是自然農法不太贊成過度依賴F1種子的原因，反正自然農法也可以透過土地來改良種子，只是要花費更多時間與心力。

實現「半農」生活的前奏，懶人農法仍要花費心力

過完夏天，市民農園租期就滿一年了，原本抱著嘗試農法與懶人種植實驗的心態來耕種，並且體驗勞動，或許還可以歌頌田園樂一番。半農半X的生活聽起來好像很簡單，但若土地沒有自成系統、沒有穩固的基礎、沒有先花時間打底，要半農還是很難，即使真的半農，收成的作物還是會少得可憐，目前我的菜園就是這樣。

開始了耕種生活後，仍一直在摸索，有些作物比想像中的還要脆弱，例如原本希望能夠讓四季豆在原地生長、結豆莢，待豆莢裂開後，豆子掉下、原地再長。但是我刻意不摘的四季豆莢，卻逐漸萎縮枯黃，結果還是只能寄望先前摘下、已經風乾的豆莢。

覆蓋物的理論（見〈以草養菜、以地養地〉一章）雖然很理想，但是覆蓋物資材時常短缺，稻草收割半年一次，農夫大多原地切碎當肥，我能夠搬來的數量有限，根本不夠覆蓋到三十公分高；割下的鬼針草又可能加速散播。目前耕種的這塊田，鬼針草已經演化數十代，成為田裡的最強勢物種；直接的日曬，也造成其他作物及雜草不易生存繁衍，只有耐旱的鬼針草可以橫行。這麼來推斷，長得快又可以固氮的樹豆，以及可以造成遮

蔭的糯玉米應該是種植首選。

馬鈴薯種植初體驗，壓倒性的感動與震撼

最難忘的是馬鈴薯的種植經驗。有天在菜市場看見一袋芽點已經偏綠的馬鈴薯，標示著特價二十七元，抱著好奇的心態，從未種過馬鈴薯的我，決定試試看。買回來後，我將袋子裡的五顆大小馬鈴薯，順著芽點切塊。網路上說，切塊裸露的薯肉部分要用草木灰保護、以防感染，我沒有草木灰，就沾上家裡火烘裡的炭灰。馬鈴薯被我淺埋在山型菜畦西側（見〈以草養菜、以地養地〉一章 Hugel Kultur 種植法說明手繪圖），過兩三天就看到馬鈴薯嫩葉冒出土，接著在雨天與晴天的輪流照顧之下，馬鈴薯順利長到約一公尺的高度。

當時我的心情就像「待產房外的老公」，很緊張又催不得老婆趕快生下來。因爲畢生從未種過馬鈴薯，能夠第一次種就發芽，眞的很期待，詢問有馬鈴薯種植經驗的朋友，聽說馬鈴薯會生出一大串來，朋友種在陽台花盆裡的馬鈴薯，大小頂多跟鴿蛋差不多，但也十分好吃。

三個月之後（從十二月底到隔年三月底），馬鈴薯葉子就像過來人說的，逐漸枯萎凋零。朋友來拜訪農田，她看著馬鈴薯的周圍，發現有顆已經被陽光晒到變綠的馬鈴薯小塊莖，因爲長大而「浮出」土壤表面，讓我十分雀躍！由於當時大大小小的馬鈴薯植株

約十個母株，我沉住氣，希望等所有的植株葉子全部都枯萎之後再統一挖出收成。

等待的時間不長，約一週之後，葉子就像約好似的全數枯萎了，趁著風和日麗的下午開始採集土壤裡的馬鈴薯。我不期待有大豐收，心裡想著，大概收個十顆，鴿蛋大小的就已經如我所願了。由於乾稻草長期覆蓋的關係，土壤表面很鬆軟，我不需要用鏟子，靠手指就可輕輕撥開。

撥開第一株的土壤，才沒幾下，指尖就探測到厚實的球體，一顆卵型的馬鈴薯探出頭來，它的表皮薄且細緻、呈現土鵝黃色的質感，我在同一時間不自覺的驚呼，因爲它比我所預期的還要大好多！體積都超過掌心了！

既然都收到這麼一顆大馬鈴薯了，照理說母株應該氣數已盡、不會再有其它顆了吧？我打算隨便翻找後就找第二株。結果沒想到又出現第二顆、第三顆……我把母株輕輕挖起，附著在根系上的還有許多顆，數了數，共有十來顆！有大有小，有的如乒乓球甚至玻璃彈珠那般迷你，橢圓形或是圓形狀都有，我每挖到一顆就哇一次，樂不可支，搞得在隔壁菜園的農友探頭看我發生了什麼事。

接著輪到下面幾株母株，也很多產，整體產量比預想的量多四、五倍，而且體積也比同一區其他農友所種的還大，辛先生說，他去年種的馬鈴薯，最大顆的收成也就只有乒乓球大小而已，他不解爲什麼我沒施肥卻可以這麼大顆？我也不相信，只是剛好實驗成功，把土堆高（裡面塡充一些朋友給的陳年實木板材與樹枝）到及腰的菜畦，表面再覆蓋一層厚厚的乾稻草，馬鈴薯就長得這麼大了！

相較於種子慢慢茁壯長大，這種「瞬間的發現」，更具壓倒性的感動與震撼感，雙手在邊挖土尋寶的同時還微微顫抖，有點像是復活節找彩蛋那樣，既刺激又驚喜！如此至樂，平常在菜園的許多不適都拋到九霄雲外了！

理性告訴我，不要這麼歇斯底里，馬鈴薯跟所有作物一樣，本來就會大量繁衍，而塊莖是它們延續後代的方法。但是，我卻因此覺得土地似乎透過馬鈴薯這件事在表達「我愛你」，這有點算是我跟這塊菜園這塊地第一次的小手勾小手吧。

「歡天喜地」與「謝天謝地」

透個這個經驗，我重新理解「歡天喜地」與「謝天謝地」，感謝天、感謝地！無怪乎回顧六七十年前的農業時代，農民動不動就要拜來拜去，也許他們曾經感受大地滿滿的愛意吧！除了這個經驗，還有許多當初承租市民農園的時候，沒有想過會得到的體驗：

——**我想我變強壯了**。近一年都沒有感冒或生病，不知道是不是因爲曬了太陽、紫外線消毒的關係。後來一位醫生朋友說，每天晒三十分鐘的太陽（中午除外），還可固鈣、預防骨質疏鬆。

——**時間變得飛快**。週一，還是每星期的第一天，然後一晃眼就週五，然後就是與家人相處的週末。稿子一拖再拖，但每次到菜園裡還是陷入了全然忘我的境界，一個小時變得像是十分鐘那樣短暫。菜園附近有一所學校，每一鐘點就會敲鐘一次，我每週去菜園二到三次，通常是下午兩、三點到，五點多離開，永遠都覺得時間不夠。

——**體驗由一變一〇〇的魅力**。除了上述如感恩節彩蛋般的馬鈴薯挖寶記之外，玉米、四季豆、蘿蔓、白蘿蔔……數量由一變多、或者由小變大，再再讓我體驗大自然的Magic！

從園藝資材店買來一包十五元四季豆，大概二十粒吧，種的時候我還懷疑，才二十粒，不知道將來夠不夠煮成一盤？我將每三、四粒種在一個凹穴裡，順利長大的有四個主株，約三個月後，每株都開始結豆莢，一株約可結二十串豆莢，摘完之後還會再長，我前後摘了三輪，每摘一大袋都可以吃三盤！整個過程中，由於剛好是在多雨的初春時節，除了剛播種的第一週澆水之外，其餘時候都不用管它們，沒有澆水也沒有施肥，就可以收成這麼多！（當然全職菜農可能還會覺得太少，不夠賣！）

從愛(心)長大的菜頭
（白蘿蔔幼苗）

如果以投資報酬率來看，種菜到順利收成，應該是百分之九百九十九的績效，也許這樣有點誇張，但就以路邊攤鹹酥雞賣的炸四季豆一小袋（約十個豆莢切段），若自己種的話可以，就可以分成二十四次食用了！

——**體會到順應時節**。有時候爲了想吃什麼作物，在不對的季節硬種的下場就是付諸東流。晚冬初春種下的白蘿蔔、高麗菜等十字花科的種子，在種子長出第一對嫩葉時，蟲蟲們早已在旁邊垂涎了，葉子一旦生長，就是面臨被吃光的命運，這些幼苗最後都只剩下一根細細的莖，然後乾枯消失在菜畦裡。但同一時節種馬鈴薯、玉米，就幾乎是穩操勝算，

只要定期澆水、並保持土壤表層有覆蓋保溼，通常都會順利長大。順應季節更迭來播種，會大幅提高植物的存活率。

——**萬物的生命力**。前面提到的種錯時節的高麗菜，雖然在幼苗期飽受紋白蝶幼蟲的啃蝕而奄奄一息，不但無法結球，每片葉子都被啃到只剩下葉脈。一開始我還幫它抓蟲，把蟲兒抓到公共步道旁的鬼針草，不料每天都有新的幼蟲孵化長大，有的蟲還很小抓不起來，我沒耐心、用力過度就把牠捏爆，看著爆漿的小蟲還是不免心生都市人特有的「僞善式愧疚感」，決

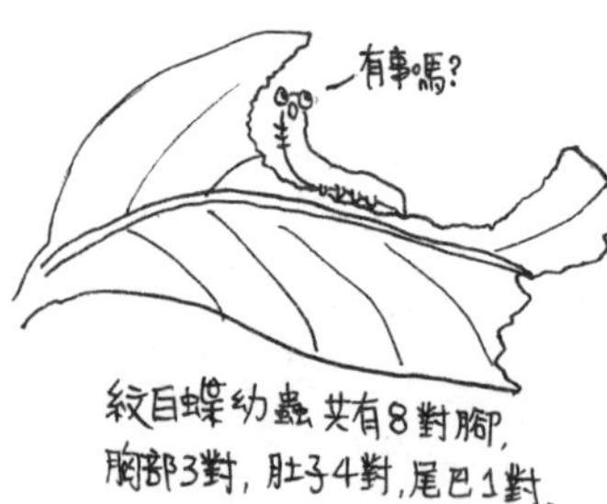

紋白蝶幼蟲共有8對腳，
胸部3對，肚子4對，尾巴1對。

定放棄抓蟲，拔除大部分回天乏術者，只留下兩株氣若游絲的高麗菜苗繼續掙扎。停止抓蟲後，巧遇長達兩週的霪雨霏霏，紋白蝶幼蟲的戰鬥力銳減，小高麗菜趁勢翻身。五月初，這兩株竟都結出漂亮的小球，約兩個拳頭大，我採下其中一株（還因沒戴手套碰到黏黏的蟲屎而尖叫）帶回家吃，可能是因爲太老的關係？口感沒有如市場買的那般脆，但很甘甜，咀嚼在口、滿足在心。一位來自宜蘭、年約五十的長輩朋友說，小時候的高麗菜體積大約是現在高麗菜的一半而已，口感實也沒有太過頭的甜味，也許我種出來的就是這種口感吧？

——**自己種的，最好吃**。自己種的，不管長得多小、賣相多差，但因爲是親自看著它長大的，捨不得嫌。相較於外面買來的蔬菜，自己種的菜無形中添加了「情感」的調味劑，就算只是最原味的煮法（水煮加鹽、蒜炒），還是很入口。我本來不敢吃紅蘿蔔的，但自己種的哈比人版紅蘿蔔，因爲很細小，容易熟，腥味又沒這麼重，切成片拿來配湯配菜，我都會直接吃下肚。

能夠吃到自己種的東西，眞是一件幸福的事！

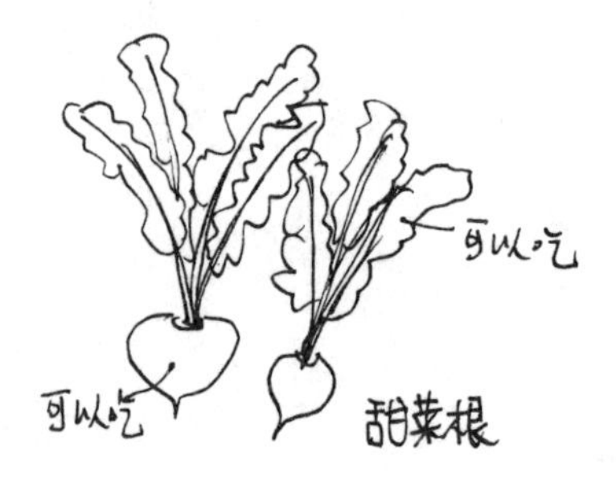
可以吃
可以吃
甜菜根

（上頁）旱稻開花了。農人說：「稻子懷孕時，不能打擾它，稻穗才會飽滿。」
（本頁）種子播下後約兩週，就可陸續疏苗，疏苗下來的蔬菜就可以吃了！

假吐金菊，在冬天會陸續長出，甜又香，是野菜界的極品！

取之不盡的地瓜葉，是炎熱夏季補充纖維質的主要葉菜類來源。

山坡地果園的潮濕地表以野生蕨類作表土保護，避免裸露，做好基本的水土保持。（圖片提供：林世豐）

（右頁）隨意將糯玉米粒灑在農友燒完雜草、積著草木灰的角落，沒想到一個月內就飆長得比人還高大。
（本頁）紅藜是原住民的主食，富含鈣及膳食纖維，也是吳寶春做麵包的食材之一。

紅藜的顏色多變，爲種植帶來視覺享受。成熟後篩下來也可以跟白米飯一起煮食。

陽光、土地與勞動

一種就上癮的上班族農夫

種菜量力而為就好，三五十坪就已足夠，可以分為短中長期作物。至於菜園的距離，最好在十五分鐘車程內，超過十五分鐘，熱情會隨著距離增加而遞減。

有些上班族朋友得知我兼職農夫，便以欣羨的口吻說，「不用上班眞好，可以做自己想做的事。」接著就怨嘆自己的人生都浪費在辦公室裡、想種菜只能等退休云云。

我不禁好奇，上班族眞的無法實現種菜心願嗎？他們眞的都忙到分身乏術嗎？於是我開始留意身邊農友與朋友，有誰在上班族生涯之外，還同時下田兼職當農夫的呢？有沒有人因種菜而影響到工作呢？在沒有耗費太多力氣之下，一下子就打聽到了一群人，可見上班族＋農夫並不成問題！接下來就來聽聽這些分屬四、五、六年級、耕作年資超過兩年的上班族農友們，他們與土地互動的感想。

小張
製造業
五年八班
種菜年資：三至四年
家庭成員：兩位大人、三位小朋友

我承租市民農園一個月後，又加入了一位新農友小張，和其他農友們聊得很起勁，本來就有種菜經驗的小張，和大家分享種植洛神、絲瓜等的心得。不過小張跟我一樣，提倡的是無農藥化肥的農法，一般農友無法接受他的論點。原來小張也曾上過詹武龍老師的秀明自然農法課程。秋天舒爽，我常跑菜園，一早及傍晚，都會見到小張努力開闢菜畦、整地的身影。

以健康、分享為種菜的主要目的

原來，小張就住在市民農園附近約三公里處的社區。他上班的地點在湖口，每天騎機車從竹北鳳岡到公司，單程約二十分鐘。

夏天早上，六至七點是他的「下田時間」，先去菜園稍微整理一下，「其實只要菜園維持到一定的規模，每天去一下，就不必待太久。」這是真的，我留意到許多農友在炎熱的夏季，都會降低待在菜園裡的時間，但由於平常有維護，一兩天去一次、一次待個半小時，澆個水就好了。

菜園時間結束之後，回家簡單沖澡一下，七點半出門、八點之前抵達公司開始上班。至於比較涼爽有風的秋冬，則改成

傍晚下班後再去菜園整理。「夏天傍晚蚊蟲多、天氣悶，所以通常只會利用早上時間到菜園。秋冬因爲白天天還沒亮，改成傍晚六點天黑前來整理一下。」種菜讓小張養成早睡早起的習慣，「不但養成這種好習慣、而且還可以運動、心情變好。」小張聲音低沈穩重，散發出來的氣質，是給人自在平靜又親切的感覺。

小張是在台北長大成家的都市人，但一直嚮往安靜、人少的地方，出社會七年後就轉換到新竹工作，但每週末還是會回台北與妻兒相聚。直到五、六年前，一家五口正式到新竹租屋定居，因此有餘力開始耕種、進而去上自然農法相關課程，至今他的種菜資歷已經快滿四年了。

家中三個兒子，也因常吃老爸種的菜，竟然可以分辨出什麼才是眞正好吃的菜。「又大又甜化肥種出的菜，他們反而不愛吃。雖然我種的菜小小的，但沒有死甜味，他們都搶著要。同樣的菜色，他們可以分辨哪一盤是爸爸種的！」因爲孩子們的味覺變得敏銳，導致媽媽在菜市場買菜時，更要找對菜販，盡量找認識與信任的阿桑，他們自己種、小量生產，用心照顧的菜，孩子吃得出來。「之前太常去菜園，跟菜相處的時間太多，反而招致小孩子吃醋，要我多陪陪他們。」小張笑說。

大地呈現的不完美、正是一種完美

從菜園採收回來的作物，孩子就要負責後製，像是挑菜、風乾等。這兩年小張種洛神種出心得，孩子們也成爲不可或缺的助手。

「要把洛神花可吃的花萼部分與籽分離，並不容易，這些孩子都已經熟能生巧，幫忙加工。」小張說。

小張也因爲種菜經歷，多次體驗到大地呈現的不完美、正是一種完美，所以他也把這樣的心得用於教育上。「我不會要求小孩一定要做到最完美，也不會給他們限制太多框框。犯錯可以，但同樣的錯誤不要一犯再犯就好。就像種菜一樣，給予菜苗祝福、適度的關愛，讓它自然成形就好。」雖然都是男孩，一個國中、兩個國小，但三個小孩都很乖巧禮貌，還會幫媽媽做些簡單家事，明顯比同齡男孩子還要成熟穩重。

種菜就像做人，吃你種的菜他們一定放心

「我覺得種菜量力而爲就好，三五十坪就已足夠，可以分爲短中長期作物。至於菜園的距離，最好在十五分鐘車程內，超過十五分鐘，熱情會隨著距離增加而遞減。」隨著栽種洛神種出興趣，小張將來退休，也想要再租一塊閒置農地來規劃，但他不想用買的。「再怎麼樣我都不會想擁有土地，農地現在被人們拿來炒作，人們都在利用土地、而非珍惜它們。」所以他非常不贊成退休之後買地蓋房子的概念，這只是造成另外一塊地又被糟蹋罷了，承租原本就已經被開發的農地，比較不會有破壞土地、或者被土地炒作者佔到便宜的情況。

「對我而言，種菜是一種工作壓力的釋放、身體鍛鍊，是一種享受。」小張說，他從沒想到要讓自己的菜園大豐收，「若想要大豐收，倒不如去菜市場買菜就好。一開始我就覺得，種菜的首要目標是為了身體健康、壓力釋放，收成只是附加價值。我在種菜時，身心是很放空的！」這幾年種菜下來，他連同事感冒都沒被傳染。「只要身體夠強壯，許多病毒細菌是侵犯不了人體的。」有些人一輩子努力加班、賺更多的錢，卻壞了身子，結果晚年都把存來的錢拿去看病。倒不如把加班、拚業績的時間換成種菜時間，賺到健康、也可以少花一筆醫療費用。

我問他如何面對惱人的雜草？他反倒說雜草一點都不惱人。「雜草本來就是一種狀況的浮現，就像工作上的瓶頸，你只要理性的面對它然後處理掉。更何況這本來就是屬於它的生長領域，是我們人類要在這裡種東西的。」至於菜長得不如預期，對小張而言只是過程，「種得好、種不好，對我而言都是一種收穫，我才得以瞭解要怎麼調整與改進。」有時收成多了些，就拿去與鄰居朋友分享，他們吃了小張種的菜，也感受到自然酵素肥與化肥之間味道的差異，到最後，只要聽聞小張又有菜要分送了，大家都搶著要，「種菜就像做人，吃你種的菜他們一定放心。」小張始終對菜園裡的作物生長狀況保持平常心，平日的為人處世，同樣以平等心待之，這是十分值得學習的地方！

Monica
軟體業
六年六班
種菜年資：兩年以上
家庭成員：一人

Monica，36歲。
軟體業，工程師。
種菜年資：1~2年。

Monica和我住在同一個社區裡，但由於作息不同，雖然是中間只隔了三戶的鄰居，卻是在市民農園才相識的。她年齡與我相仿，還是個皮膚白皙、五官立體的美女，第一次讓我對她留下印象是那雙擺在田邊的高跟鞋。當時只見停在田邊小路上的機車與高跟鞋，循線發現了在田中的Monica，那時才清晨七點多，她換上雨鞋正在田裡忙著種菜，因爲畫面對比太明顯，我拍下了她的高跟鞋跟菜園背景。

後來經過其他鄰居指認，確定照片中的機車是Monica的，我得以藉機「搭訕」。原來她是朝九晚五的上班族、而且是軟體程式設計工程師，忙完後，就要換上高跟鞋到科技園區上班。

Office Lady 也可以美美的種菜

承租了市民農園才不到半個月，我的兩手臂和臉就黑得跟巧克力一樣，而且還會有脫皮現象與灼熱感，警覺到種菜也要做好防曬。而 Monica 皮膚細緻、白皙，讓人很難想像她能遊走於空調辦公大樓及農田菜園之間。

「想做什麼，就要去試！不要只是想，要去行動！不要白白浪費人生。」當初就是因爲同事這句話，讓深陷工作倦怠期的 Monica 決心租下市民農園的一個單位，將時間分一些給自己的田園夢想。

Monica 老家在台南，家裡雖然不是務農，但爸媽也利用家裡的閒地種種菜養養雞，童年時的她，雖然沒幫什麼忙，但約略知道作物、家禽的成長是需要照顧與關心的。後來她到台北工作，居住的地方在淡水、上班的地方卻在新店，每天光是單程的通勤就要一小時，當時的工作又常態性加班，常常下班都是搭捷運末班車，回到家都已十二點了，隔天還要七點起床，她看著陽台種植的香草植物，因沒有時間照顧而枯死，深覺這不是她要的生活。於是，她毅然離開台北，在新竹找到另外一份工作，終於有了正常上下班的機會。有天，她看著電視播放國外所謂先進國家，畜牧業的商人們手裡拿著被切成方塊狀的生牛肉說，「現代人吃的肉品，應該要看不出其原本的肌肉、形狀，這樣才是文明！」有的老外看到台灣的雞爪、魚頭等會害怕，有些國外小孩甚至以爲牛肉是從樹上長出來的，這正是「文明」的產物。

這種心態讓 Monica 十分不以爲然，「每一種生命都應該被尊重！尤其是對要犧牲生命、送到我們嘴裡的動物、鳥禽、魚類、蔬果，我們若不知道牠原本是什麼樣子的，要怎麼感謝牠們呢？」這樣的想法也衍生出她想要自己種菜，這樣也才能進而知道盤中飧的源頭，又是怎麼成形的。「剛好那時工作壓力大，同事那句話點醒了我，我開始去找地。」後來便在鳳山溪旁，找到了這塊農會出租的菜園。

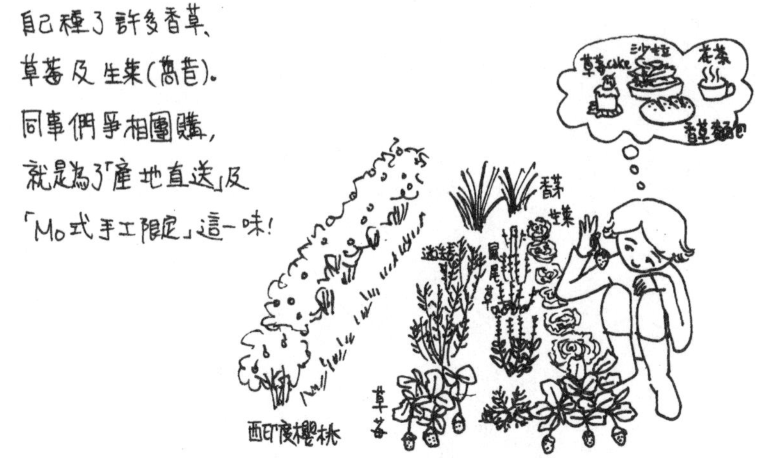

自己種了許多香草、草莓及生菜(萵苣)。同事們爭相團購，就是為了「產地直送」及「Mo式手工限定」這一味！

種菜，讓人更懂得珍惜

一開始 Monica 還帶著工程師的職業病，仔細測量了菜園的長寬，回家用軟體繪製好每株菜的間距、種植分區等，「但是這些菜苗、種子哪會聽你的啊？有的植物會死、有的被蟲吃，長大之後的體積也不同。而且菜畦也不會很精準的維持在固定高度啊，下個大雨可能就變瘦些，所以最後越種越隨性。這時也才發現一些有趣的現象，例如我把茄子跟九層塔種在一起的時候，茄子就會長得很好，它們眞是好夥伴哪！」

秋冬季節，Monica 早上大約八點會來菜園報到，九點前離開去上班。春天，就改成下班五點之後，若有時加班，週末便會再來。她工作的地點正好位於住處前往菜園的路途上，農忙之後再去上班，心情反而輕鬆許多。「以前會覺得蔬菜便宜、不稀罕，現在因爲自己種得很辛苦，反而更會珍惜農夫們種的作物。」

Monica 的同事多是六、七年級生，我問她會不會被同事視爲怪咖？她覺得倒是還好，「我也沒有因爲種菜而變黑、或者指甲卡髒。你知道現在網路上可以買到許多造型好看的遮陽袖套、帽子、手套，只要適度保養，種田並不會讓我變成村姑啊！」有些同事的孩子容易食物過敏，反而非常認同 Monica 自種自食，「自己種的食物比較安全啦！他們都很期待我分些自己種的菜給他們，因爲我都不用農藥也不施化肥的。」

問 Monica 理想的菜園大小跟距離，她說，「我覺得十坪大小、車程五分鐘左右最好。只要種一株絲瓜，每週就可以採四到五顆絲瓜、甚至吃到怕，如果三十坪的土地，光是拜託別人吃菜就有得忙了。現在菜園離我住家騎車大約要二十分鐘，路途有些遠，我便盡量控制在每週去兩三次就好。」炎炎夏日，我跟 Monica 相約菜園休耕、養地，每週只去一次把鬼針草的花採掉、避免結針，就成了每週定期的菜園運動。這就是半農半X的幸福，經濟上無法仰賴，但是在心靈上卻有了寄託。

雪霞
服務業
四年一班
種菜年資四至五年
家庭成員：兩人，與八旬父親同住

雪霞，61歲.
合作社員工，
種菜年資:4~5年

推行自然農法的「璞玉田」

雖然雪霞的年齡跟我媽媽一樣，但她給我的感覺，就像森林中的可愛精靈，眼睛清亮有神，絲毫不像是六十多歲的人。雪霞目前服務於主婦聯盟合作社竹北分社，她租的菜園位於竹北高鐵站旁的「璞玉田」，離工作的地方僅四公里，騎機車約十分鐘就會到，每天早上、傍晚，她都會來菜園報到。

璞玉田出產的稻米曾經是日治時期日本天皇的御用米，但未來卻有可能因多餘的開發計畫與炒地皮而面臨徵收。許多人關切這件事，在推廣秀明自然農法的詹武龍老師的號召下，遂集結在此成爲私立的市民農園。雪霞大約二〇〇八年時，開始在此承租菜園，一租就是五年。

「雖然我內心一直渴望有一小塊地可以讓我耕種，但我總是想想而已，一直保持觀望的態度。直到我看到農友們的孩子，才下定承租的決心。」

她聽說社員Julia在這裡承租了一小塊菜園，出於好奇決定來瞧瞧，「剛好看到幾位農友帶著孩子們來種菜。通常大人要做什麼事，來陪伴的小孩總是意興闌珊，但這群孩子卻一直忙得很起勁，還主動幫忙搬農具。」雪霞回憶說道，「他們很懂事，哥哥跟妹妹說，『妹妹妳搬輕的，重的哥哥來搬就好。』小朋友在田裡沒閒著，大人幫每個小孩各留一小塊區域，然後跟他們說，『這區你的，給你種、歸你管喔！』就放手讓他們處理。大人忙、小孩子也忙，這讓我想到自己小時候，在寶山老家的村裡，就是這種景象！」

有時一群小朋友就這樣玩起來，開始在田間探險，「小朋友在泥土中滾來滾去、玩遊戲，沒有父母會歇斯底里的喊髒，任由他們玩到盡興，讓我很佩服現代媽媽。有次一位小朋友不知道從哪裡撿到一隻幼小田鼠，眼睛還張不開，一群小朋友圍在那邊討論，有位農友媽媽走過去，我本來以爲她會厲聲警告傳染病、細菌之類，沒想到那位媽媽加入小朋友的討論，最後還跟他們說，『記得要把牠放回原處，這樣牠的媽媽才可以把牠養大喔！』」

雪霞覺得，這個地方簡直太夢幻了，大家都用很輕鬆自在、尊重生命的方式在種菜，於是她決定報名自然農法課程，上完之後便可承租約二十坪大的自然農法專屬菜園。「剛開始我可說是雄心萬丈、支票直開啊，這想種、那也想種。但現在是身歷其境之後，才知道一切都不是我所想像，雖不是非常艱難，但還是要虛心接受它的不整齊以及不受控制。」

「妳的菜種在哪兒啊？怎麼都沒看到？」雪霞的母親問道。

種了半年，雪霞帶著母親來參觀自己的菜園，母親看到的都是一片雜草堆。蔬菜、菜畦「藏」在其中，雪霞必須特別把菜指出來，媽媽才看得到。「一般菜園都會整理得很乾淨，只有光禿禿的菜畦以及獨自生長的蔬菜，但這裡是自然農法菜園，雖然不是完全野放，但也不會過度干涉。」媽媽直說看不到菜，雪霞哭笑不得，「我媽很關心的說，種菜很辛苦，去菜市場買就好啦！」

種菜成了療傷的解藥

前年，雪霞的母親於三天內急病、享年八十八歲逝世。事發突然，她一時無法接受。整個人萎靡不振，做什麼事情都提不起勁。直到她感覺到身體在提醒她，再到田裡走走吧！

母親過世後，三個月沒來，草長得好高好密，只剩下紫蘇還在草叢中奮力爭取陽光，她開始彎下腰，邊割草、腦裡邊想著生與死。「媽媽就這樣不見了，緣份就這樣盡了嗎？人哪，跟草不一樣，人死了就什麼都沒了，草死了，還可以當肥料……」雪霞對著自己的身體說，「你這臭皮囊，可要好好的唷，生病可就麻煩了！」

「我告訴自己，現在種菜練身體，將來的醫藥費應該可以省很多。」就這樣，雜草除著除著，沮喪、委靡不振的情緒在不知不覺裡也被清理掉了。雪霞再度回到工作職場，「我從沒預期種菜能給我什麼，我只是因爲想種菜而種菜。沒想到它還可以幫我療傷！」

有次她在田裡看到一位媽媽氣呼呼的驅車前來，快速穿上雨鞋下田，雪霞問她怎麼了？那位媽媽說，「我要趕快衝來田裡，才不會一直在家裡罵小孩，小孩子現在很會頂嘴，還是蔬菜最乖。」看樣子，被療傷的還不只是雪霞一人呢！

其實租地種菜不太可能完全滿足自己每天所需的蔬菜量，對雪霞而言，自己種菜完全是爲了「可以吃到自然味道的蔬菜、將來少付醫藥費、低里程數又不無聊的運動。」她認爲菜園不要超過三十坪，二十坪最恰當。「上班族最好都來種菜啦，又不用花大錢，又有新鮮空氣可以呼吸，若只看電腦對視力不好，我這十年來，從遊山玩水到農地種菜，老花眼的度數可都沒增加過呢！」將來若從職場退休，雪霞想要租一塊更大的田地，成林成樹，塑造高、中、低的作物層次，營造可食森林，「我應該會繼續種到種不動爲止吧！」

秋葵的花
只有半天的生命

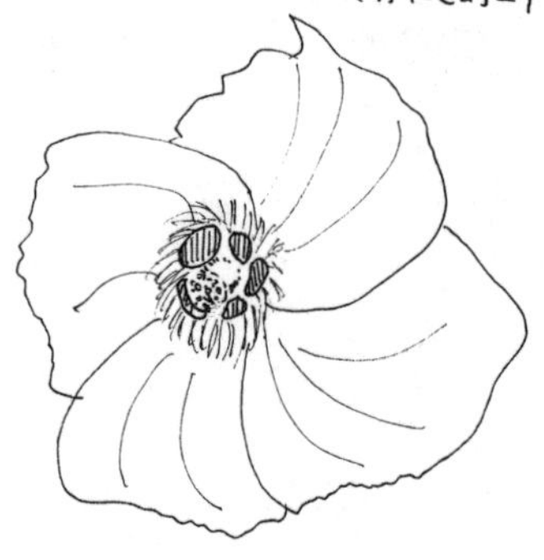

農藥不農藥？

陳阿伯的包心菜與蟲鳥們的心聲

植物會自己把土壤變健康，好讓自己和後代延續下去。它們跟人不一樣，人類是先消耗資源，植物不能搬家，所以一定得在原地創造資源，土壤會愈來愈肥沃。

近兩三年，國內幾家主要連鎖超市及傳統菜市場，近半數的抽驗蔬菜均被「臺灣綠色和平組織」抽樣檢查出含有超標或禁用的農藥，使用農藥的農夫們，成為眾矢之的。但是，「沒有農藥、菜被蟲吃，我們沒辦法賣錢，要怎麼活？」中盤商跟農夫收購的菜錢很低，有些農夫聽到市場的菜價可以一包賣到三十五元、四十元，驚訝的說不出話來，一位南投的種菜阿媽說，「我們都二元、三元這樣賣，怎麼一轉手就賣到這麼高？」也因菜農的利潤微薄，必須使用農藥確保收成，長年下來昆蟲產生某種程度的抗藥性，結果農藥的使用量又隨之逐年增加，也直接影響到農人的健康。

使用無農藥自然農法種植的農夫朋友，他們只要一放出收成的消息，蔬果經常是被秒殺的。「只要在臉書上發佈果樹已經開花，訂單就湧進來，還有一堆候補的。雖然我們的採收量可能還不到慣行農法的一半，但我們不用擔心賣不完，反而擔心不夠賣，消費者會直接跟我們買，價格也不用被中盤商壓低。」一位嘉義自然農法的朋友說，「這年頭，有毒的食品太多，人家只要知道你的蔬果、作物沒有農藥，就算他們不太清楚什麼是自然農法、有機農法，還是會搶著買。大家都想在能力範圍內，幫家人購買安全、放心的蔬果。」

如果可以自己種，那當然更好。我曾經想在自己的菜園前立個牌子，上面標註「本區菜園禁噴農藥」，但猜想可能會造成別人反感而作罷。長期種菜的人早已依賴噴藥，除了自己的菜園，連鄰近的菜園、荒地也順便噴灑。

吃到這塊土地最真實的味道

即使種下的菜被蟲吃了，我還是選擇不用農藥，一來，農藥眞的很毒，對身體很不好；二來，畢竟不是所有的菜都被蟲吃，玉米、秋葵、甚至是菜頭，只要不貪心、選對時間點（當季），就會順利長大。

我眞心想吃到這塊土地最眞實的味道，透過作物吃出土地的個性與風格，是不經過人爲額外添加、處理的，即便它如農友所嫌棄的「長得不夠水」，但這就是它本來如是的樣貌，只要能夠收成我就已經很滿足了。

農藥是從世界大戰生化武器轉型而成的產品，即使現在已經調整過濃度及配方，但必須依規定適量使用，否則過量是會出人命的！

市民農園一位阿桑講述了一則例子。他們村裡有一位阿婆，很喜歡偷摘別人種的菜，每次都是趁半夜大家還在睡覺、躡手躡腳的去人家菜園偷摘。村裡種菜的人大多都知道阿婆的習性，明示暗示、立牌警告，阿婆仍不聽勸。一位種菜的歐吉桑氣到，在即將成熟可以採摘的青江菜上灑了農藥，他不只噴灑一次，而是沿著菜畦來回噴灑三、四趟。當晚半夜，阿婆又來偷摘，結果不知情的阿婆，隔天中餐才吃了一盤，下午立刻覺得不舒服，當天晚上就過世了。

「我以爲有用農藥的蔬菜，只要多用水沖幾次就沒事了！？」

「洗不掉的！」通常種菜的人，都知道自己噴完農藥之後大約還要等上兩、三週，待

農藥退去才能採食。至於買來的蔬菜，就不確定有沒有等這麼久了。

我想到自己每次吃外面買來的菜之前，都會把菜浸在摻有小蘇打粉的水盆裡幾分鐘，我媽則是會把菜用自來水沖洗浸泡來回三次，難道這些都只是心理上的安撫而已？我們眞的有辦法把農藥殘留物洗去嗎？

吃當季！減低農藥殘留機率

有種說法是，若要減少吃到農藥的機率與量，就要吃「當季蔬菜」。記得多年前還在台北上班的我，連這個名詞代表什麼意思都不知道，還傻傻問朋友，所有的蔬菜既然可以長大、被採收，不就都是當時那個季節種出來的嗎？不太可能十一月買到的菜，是早在六月份就採收、然後放在冰箱一路冰到十一月才拿出來賣吧。神奇的是，當時在都市工作認識的朋友，也沒有人能提供我正確的答案，甚至跟我所以爲的一樣，「當季蔬菜」就是「農夫在任何時節剛採收的新鮮蔬菜」。

回家問爸媽，老媽立刻吐槽我的猜測，沒好氣的回答我說：「每種蔬菜都有屬於它們的生產季節，像是高麗菜產季是在比較涼爽的秋冬、空心菜是春夏……在他們盛產的季節，比較不怕蟲害，相對的就比較少噴農藥。」

「但不對吧！我隨時都可以吃到炒高麗菜跟空心菜呀，每次去餐廳或小吃店，全年三百六十五天、菜單永遠不變，怎麼會有季節之分呢？」我完全無法理解植物會挑季節的個性，只要想吃、種下去就會長出來。

透過種菜，我感謝高麗菜、小白菜、菜頭等的諄諄教誨，它們透過生命的示範，讓我知道，在不對的季節種下它們，會造成什麼結果。尤其是蟲與人類都愛吃的十字花科蔬菜。在春季，任何十字花科的種子在十二月種下，隔週冒芽出土之後，不論周遭有多麼濃密的雜草掩護，它們還是會被夜盜蟲及紋白蝶媽媽鎖定，通常長了兩片葉子之後就會被啃光而死。

先育苗再種下的高麗菜，也幾乎會被啃到只剩葉子的梗。看到如此不客氣的蟲蟲大軍，我理解了有些農夫爲什麼這麼依賴農藥。農藥不只是消滅了所謂的「蟲害」（蟲子只知道吃，哪會故意要害人呢），也消滅了沒有收成、無法維持家計的擔憂，只是農藥也會毒害身體，他們是用自己的命跟消費者的健康換來收入的。

品嚐泥土的味道 感受土地與作物間的連結

白俄羅斯的品酒專家 Gary Vaynerchuck，走遍義大利、法國、澳洲、西班牙等葡萄酒鄉，每到一處酒鄉，他先品嚐的是土壤而不是酒，「我到每個酒鄉做的第一件事，就是從地上

捧起土壤，聞一聞，然後吃它。」Gary 在接受影片《泥土向前衝》（Dirt! The Movie）的訪問時這樣說，「每塊土地都會展現自己的風味，而紅酒的味道就是延續著土地的味道。」當然，他不是眞的吃啦，在影片中，他是把土壤放進嘴裡，品嚐個一兩秒之後，再用水或酒把它漱掉。

在美國舊金山，一位農學系畢業的藝術家 Laura Parker，則發起了「Taste A Place」，她把許多地方的健康土壤（有的取自農場、有的取自郊外）放到一杯杯的高腳杯裡，要求參與者「聞」，並討論土壤的味道讓他們聯想到什麼，有些參與者會「試吃」，亦即把一小匙的土壤放入口中，輕輕咀嚼再漱出，竟也有鹹、黑胡椒、爽朗的、胡蘿蔔味等等的形容詞出現，當然這些都很主觀，但藉由品嚐土壤，參與者均感受到健康土地與作物之間的深刻連結。

陸續得知這樣的實際案例、加上秀明農夫詹武龍老師分享的自然農法概念，讓我謹守「讓土地做它自己」，我堅決不灑農藥、不用肥料，不論周遭的農友如何說之以理、動之以情，尤其是年紀較長的農友，通常都會碎唸「要灑農藥才會長得漂亮」、「要施肥（化肥）才會長得大」，但我取代的作法則是用草葉覆蓋在土壤表面，微生物會慢慢分解覆蓋的草葉，如此一來也會轉化分解成養分，讓作物及土壤吸收。效果有限，但換得心安。

噴灑農藥的慣行農法對土地的傷害

種水稻田的陳阿伯，十二月在田邊種了些同樣是十字花科的大白菜，是特別托朋友從國外帶回的種子，聽說口感很好。在他的悉心「噴藥灑肥」照顧下，大白菜全部順利的從種子發育成幼苗，由於種子播種過密、幼苗擠在一起顯得有點擠，阿伯告知周遭農友，可以到他的田邊挖些大白菜苗去種。

看到阿伯都已經來號召了，盛情難卻，於是我跟他要了五株，種在我的田邊緣、靠近公共走道一側，這樣我經過的時候就可以看看這五株大白菜，有沒有需要抓蟲或澆水的狀況。

那天，阿伯辛苦的背著沈重的農藥桶，在他的水稻田裡來回噴灑，可能是發現噴完水稻田後，桶子裡的農藥還有剩，所以就開始幫幾位比較熟的農友噴藥，年紀較長的農友都非常歡迎陳阿伯來噴藥。

看到阿伯在噴灑農友的菜園，跟他打聲招呼就繼續彎腰忙拔草，當時並不擔心會噴到我的菜園。剛來時他曾詢問我是否要順便幫忙噴藥，當時我非常明確用破台語說明自己正在操作「完全不用農藥與化肥的實驗計畫」，阿伯當時雖然不認同，但也瞭解我的意思。

沒想到阿伯噴完其他人的菜園後，緩緩朝我的菜園走過來，他把農藥噴頭朝向那五株大白菜，「我把這五株噴一噴。」語罷，便將霧狀的液態農藥噴灑在大白菜跟土壤上面，我好像被電到一樣，從菜園的另外一端彈跳起來，火速奔到阿伯身邊，速度之急應該嚇到了阿伯，他停止按壓手中的噴灑器。

「阿伯！休旦咧，賣幫哇噴藥啦！」我的心瞬間降到冰點。我聽到尖叫聲，不知道是土地的尖叫、蟲的尖叫、還是自己內心的尖叫，瞬間我覺得菜園被污染了一角。我的矛盾無法表達，台語詞彙太少，詞窮，只能用最簡單的語句，要阿伯不要再噴了。

「我怕大白菜長蟲啊，我得把它們照顧好，不然種到一半死掉，會很歹勢ㄟ！」阿伯憨直的解釋，年邁的老人家單眼皮魚尾紋散發農人特有的、讓人無法抗拒的單純無辜。他認為菜是他送我的，沒長好他會過意不去。誰能再忍心苛責？

我強顏歡笑跟阿伯說，「多謝阿伯啦！不過下次眞的不要幫我噴了，被蟲吃也沒關係，反正你都送我了，我想把它們加入我的實驗計畫裡，不一定要吃的，你不用有壓力啦！」

我在意的不是那五株大白菜、而是大白菜底下的土壤被噴到藥。我深切體會到慣行農夫對農藥依賴之重，重到覺得幫別人噴藥算是幫忙，「我不會隨便亂噴的，現在蔬菜還小，噴沒關係，要採收前一週不要噴，這樣就不會傷到身體。」阿伯補充說明，他以為我是怕吃到中毒才不噴。

好在這五株大白菜所在區域還算是菜園的邊緣，與其他菜畦還有雜草相隔。這個事件之後，遇到了幾次下雨，農藥可能因此被沖刷掉，大白菜又開始遭受蟲蟲的攻擊啃咬，葉面出現了密集的小洞洞，阿伯沒再來噴藥，大白菜最終還是跟十字花科的親戚一樣，努力與蟲蟲奮戰後，緩緩隱身消失在草叢之中。

這區菜園開始經營以來，因為會局部積水、無人承租，已經三年沒有噴灑農藥及化肥，所以我敢吃這兒生長出來的作物與野草野花。這樣的土壤條件，也適合種植吸收土壤養分的根莖類作物。以前我是不敢吃胡蘿蔔的，餐廳裡的胡蘿蔔片，不但時常被削成矯揉的造型及鋸齒狀邊緣，還有股很重的腥味。

但自己種才知道，胡蘿蔔不好培育，一來發芽速度慢，二來種子太輕薄容易走位或被螞蟻偷走，順利冒芽之後，三個月也才比手指頭粗一點。煮熟之後，我捏著鼻子（不想聞到腥味）咬下第一口，咦？甜甜的！腥味很淡，而且變好聞！自然成長的胡蘿蔔味道較無充滿攻擊性的氣味撲鼻，我甚至愛上胡蘿蔔具透明感的羽狀葉子，後來又陸續種了其他品種的胡蘿蔔，它耐放又有益雙眼，下次我要留兩株採種。

人與土地與動植物共生

除了見識到農友們對農藥的依賴外，老鼠藥也是他們另外一個依賴的毒物。水稻收割的季節，就是老鼠們湧向市民農園的季節，因爲稻田水放乾、稻子也被採收了，稻田一片荒蕪，老鼠爲求溫飽會到附近找食物，於是，我聽到農友椎先生叫苦連天，他種的花生、玉米都被老鼠吃了，辛先生的地瓜則是有半數被挖出啃咬。

隔週，我在農園旁柏油路上看到三隻班鳩，有氣無力的佇立著，看到人接近也沒有逃跑的意思，地上血跡斑斑，看似班鳩拉的血便。當時我還搞不清楚這些鳥是怎麼回事，是被車撞到嗎？我試圖去救其中一隻，牠看我靠近，一鼓作氣振翅飛離，但也沒飛多遠，就停在旁邊矮樹枝上，其他兩隻班鳩也緩緩逃竄到樹叢裡。

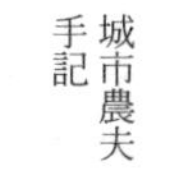

原本不以爲意，但又在菜園旁田埂上看到兩隻橫躺的老鼠屍體，經過 Monica 的菜園時，我看到她眉頭深鎖，才知道椎先生隔天就去領老鼠藥，不但灑滿自己的菜園、還「順便」幫 Monica 的菜園灑。Monica 也是採無農藥有機種植法，當她看到自己田裡有一顆顆有毒誘餌時，「我快瘋了!」她苦笑，她的感受就跟我的田被突然噴了農藥一樣。

原來，路邊那些斑鳩以及老鼠屍體，都是吃了椎先生前天放的老鼠藥，出血應是其藥性具有溶血效應，只要是溫血動物，吃了都會產生吐血、拉血、持續嘔吐然後死亡，死狀甚慘，不少流浪狗也是老鼠藥的受害者。然後，我看到大冠鷲在高空盤旋，暗暗祈禱牠不要靠近，以免不慎獵食了中毒的斑鳩也跟著中毒。我跟 Monica 決定明講，事後遇到椎先生，特別叮囑他不要幫我們的菜園灑藥。我無權要求其他人不要在自己的菜園灑農藥或老鼠藥，畢竟這裡是市民農園，不是自然農法農場，有些農友種菜的目的就是想種得又大又漂亮又甜，是他們的目標，也應尊重。換個角度來看，假若他們看到其他農友採用無農藥無肥料的方式種植，也可以有所收成，也許會有不同的想法。

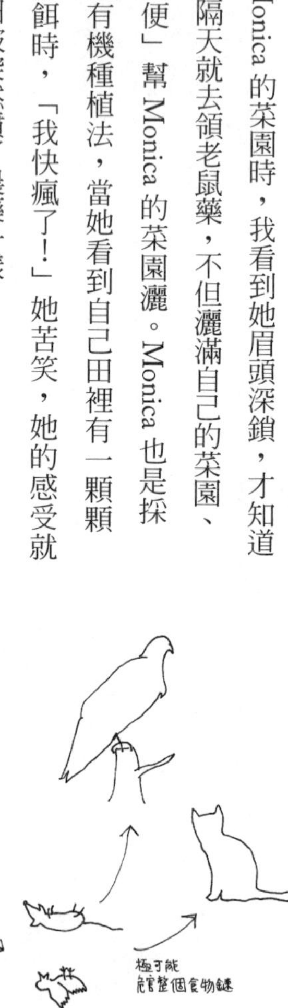

移到第二塊菜園的第二週，我決定把最靠東側的三排菜畦拿來種地瓜。地瓜有個好處，就是蟲不愛吃它的葉子，只要蟲不吃，鄰近的年長農友就不會碎念，也不會趁我不在時

又幫忙噴藥灑肥，唯一擔心的是，數月之後結出來的地瓜會否被聰明的老鼠一掃而空？我不可能放老鼠藥，但也不希望地瓜被吃啊！

農友小張提醒我把握一個原則，「因爲地瓜種下的時節正好在插秧前後，當稻子要收割時，地瓜也差不多長出來了，不論長得大或小，記得地瓜要在稻子收割前採收。因爲收割之後，躲在稻田裡的老鼠將湧出，農園屆時將是牠們尋找食物的新天堂！」我不得不佩服小張，他不用老鼠藥，而是以「順勢」的方式來處理，讓老鼠、土地、種植者的傷害都降到最低。

若不噴藥只灑肥呢？其實從秀明農法的角度來看，過量的化肥及有機肥也是毒物，尤其是大量的外來肥，「植物會自己把土壤變健康，好讓自己和後代延續下去。」詹武龍說，「它們跟人不一樣，人類是先消耗資源，植物不能搬家，所以一定得在原地創造資源，土壤會愈來愈肥沃。」有些有機栽培的農友習慣在種菜苗之前，在挖好的苗坑底部放入肥份，此肥通常是用已經發酵過的草葉堆肥，植物通常都長得快又壯，被拔起的雜草也有了可以再被利用的機會。

不過，喜歡蔬菜又大又肥、又急於它們能夠盡早茁壯的一位農友，卻有一次揠苗助長反傷苗的經驗。他在苗坑底部，也就是絲瓜苗根系的正下方，放了一層不要的葉菜及「發酵中」的廚餘肥，然後再把絲瓜苗種在上面。

「這樣一定會死啊！」另一位農友阿姨直接吐槽：「苗直接被活活燒死啦！」

「這樣應該很營養吧？爲什麼會被燒死？」我問阿姨的同時，自己就想到原因了。

堆肥在熟成的過程，是會產生高溫的，之前參加大地旅人於台東所舉辦的樸門課程，我們用羊糞、落葉、米糠、稻草等一層一層的碳氮交替做堆肥，堆肥在熟成的過程中，有人拿溫度計去量，竟可達攝氏七十度以上，大部分的細菌也在這時被殺死，達到了堆肥熟成的目的之一。

把發酵中的肥直接埋在幼苗根系底部，幼苗的根還很稚嫩，哪能夠承受得了高溫呢？當然是必死無疑。

「呷勁弄破碗！」這就跟即使是雨天也忍不住澆水一樣，希望它們長大卻用太過的方式，反而讓苗死了。

「若眞要放肥，也不要放在苗底部，至少要離苗半呎到一呎（約十五至三十公分），待苗穩住腳步、根系擴張的時候，自然吸收得到。」

其實，台灣的土地已經很肥了。前陣子有機會認識一位中國福建的朋友，年近五十歲，來自務農家庭與村莊，當他首次在台灣鄉村田間參訪時，他用非常羨慕的口吻說：「台灣的土好鬆軟啊！路邊隨便閒置的荒地都可以長草，到處都有人在小塊地上種菜（指著路邊的畸零地），到處一片綠色！」一開始我還不懂土軟有什麼好羨慕？

「我們那裡土又硬、又乾，乾了就裂，下面是一堆石頭，連野草都不容易生存，一整片光禿禿。除非特別照顧，田裡才能種出東西，但種類也是屈指可數！你們土好厚、好

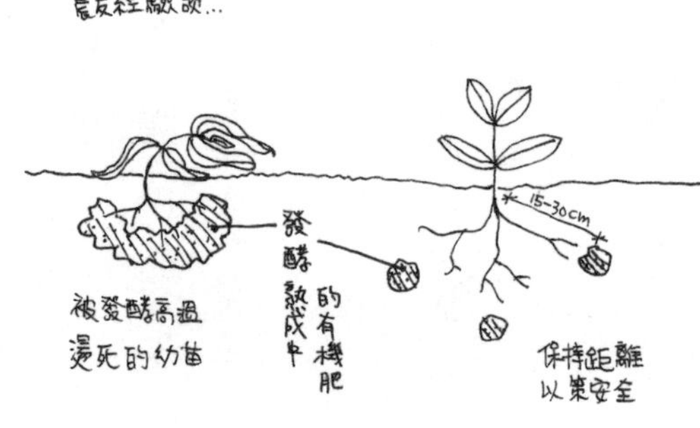

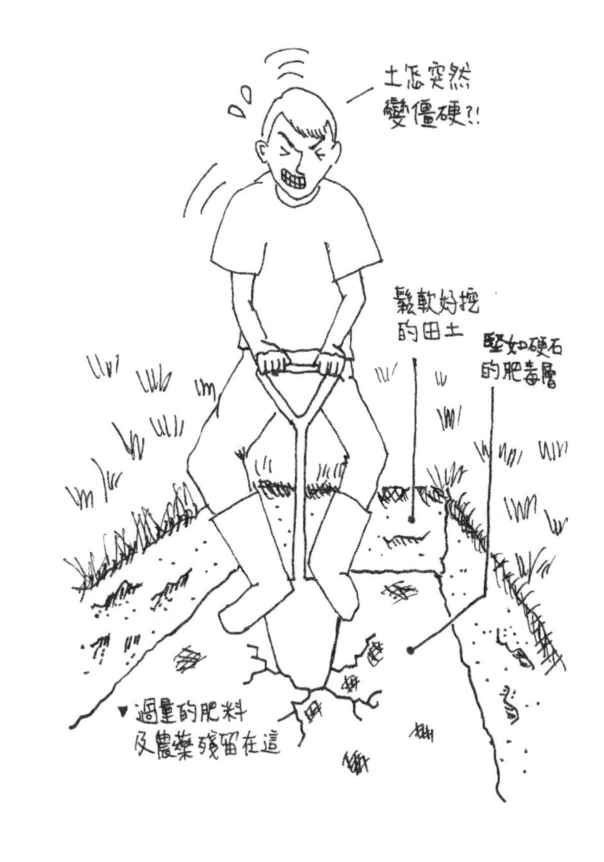

軟，又出產許多蔬菜、水果，很多種類我都沒看過！」我原本以爲，福建跟台灣緯度差不多，又是臨海，應該氣候也近似，但像這位朋友住的地方稍微偏內陸山區，就轉爲貧瘠了，當他得知台灣的稻米通常是一年二收、甚至南部有一年三收時，更是充滿羨慕與驚訝。

從他那接近震驚的表情，我間接感受到自己是住在一個多麼豐沛的環境。我們視爲正常不過的土地地況，在別人眼中是豐沛肥沃的奇蹟。如果台灣的氣候及地形變化帶來了充滿生命力的土地，那麼更應該讓土地有自我發揮的機會才是啊！

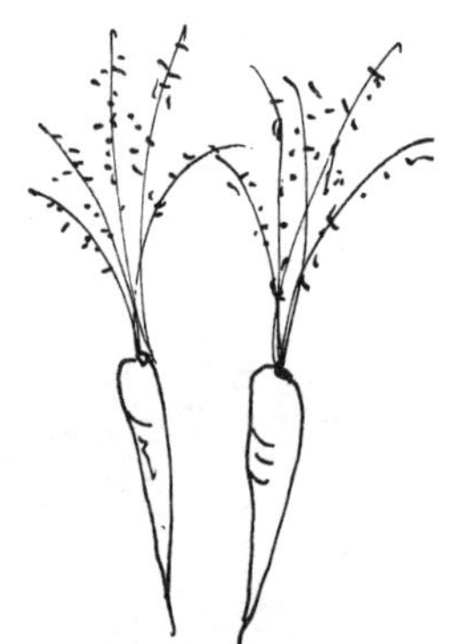

自從自己種過，就
敢吃胡蘿蔔了。

You are what you eat! 創造可食的地景

公家建築門面、私人店面或畸零空間，都有當季的水果、蔬菜及香草的蹤跡，有些綠籬也種上可吃的作物，例如玉米或向日葵充當矮綠籬、搭棚架種爬藤作物當高綠籬。

「吃」是人類的共通語言，用食物拉近人們的距離

閉上眼睛，放慢呼吸，想像一下自己正走在人行道上，覺得有點口渴，於是隨手摘了一片土肉桂行道樹的嫩葉嚼嚼止渴。接著，經過市中心的市政大樓，市政廣場前方一大片的綠油油，不過那不是禁止踐踏的呆板草皮，而是種了滿滿的各式萵苣、油菜、空心菜及蕃薯葉，你緩緩走在其中，高興的採了滿滿一袋的油菜與空心菜，然後再採下綠色的蘿蔓與紅色的生菜，當做今天晚上的蔬食沙拉餐。旁邊還有一對母子，小孩子開心的大叫：「原來空心菜開花的樣子跟牽牛花這麼像啊！」

這些菜有的是由高中部的學生認養、有的則是由民眾照顧。

這樣有如伊甸園般豐沛的環境，其實已經實際發生。英國北約克郡的陶德摩登（Todmorden），從衰退無人氣的古老小鎮，正轉型成自給自足的人氣觀光城鎮，他們引以為豪的將小鎮暱稱為「可以吃的陶德摩登」（Edible Todmorden），沿著它們的綠色路線（Green Route），沿途的火車站、學校、巴士站、警察局、牙醫診所等，不論是公家建築物的門面、私人店面、或者路旁的畸零空間，都有當季的水果、蔬菜、農作物及香草植物的蹤跡，有些綠籬也種上可以吃的作物，例如用玉米或向日葵來充當矮綠籬、搭棚架種爬藤作物當高綠籬。這些花圃裡面插著手寫的告示牌：Go on! Take Some! It's all Free!!，旁邊還備有塑膠小盆、塑膠袋可以供民眾自行取用。

此行動的創辦者是一群熱愛做菜的家庭主婦，其中潘蜜拉（Pamela Warhurst）更是熱

（上頁）完全沒有施肥、採半放任管理的黑柿番茄。
（本頁）農友小張告訴我，胡蘿蔔幼苗喜歡通風，葉子最好不要交疊，每隔一陣子就要幫它們疏苗。

疏苗下來的小胡蘿蔔，超清甜的，煮麵時，將胡蘿蔔過一下滾開的湯就熟了，再淋上一圈冷壓橄欖油或苦茶油，就是人間美味！

高麗菜、十字花科類的蔬菜怕強風，須注意擋風。

雖然收成的高麗菜只有拳頭大，但一顆也足夠了。搭配全麥義大利捲麵，就是很幸福飽足的一餐。

（右頁）發芽的馬鈴薯塊，切成數片埋到土壤鬆軟、較高的菜畦裡，約一週之後，就看到馬鈴薯葉子從乾稻草裡竄出。（本頁）將馬鈴薯切成數塊、用橄欖油及小火慢煎到薯塊變軟，完成後灑上胡椒鹽，就是一頓讓人涕零的美味午餐。

血的鼓勵社區民眾加入種植在地食物的行列，她強調「吃」是全世界人類的共通語言，並試圖將「種菜」結合「教育」及「經濟」，這樣可以擴大孩童的參與，「許多人這輩子從未見過蔬菜成長及採收前的模樣，買菜的時候，得靠著包裝紙外面的標籤，才知道這是什麼菜。」

他們善用各種閒置空間，甚至連墓園都不放過，老師帶著國小孩童在墓園周圍種菜，「這兒的土壤特別肥沃！種出來的菜大又健康！」潘蜜拉幽默的說。如今來自英國及歐洲各地的觀光客，都想來這裡一探究竟，甚至許多歐美國家、日本乃至於香港的小鎮也加入「可食地景」計畫的行列，潘蜜拉認爲，If you eat, you in。

這群家庭主婦如此用心推行這樣的計畫，正是因爲深信食材會影響到每個人的身心健康，you are what you eat（你是你所吃的），我們的皮膚每三到五週會更新一次、味蕾約十天更新一次，故他們堅持種植在地食材，並且是由自己或周遭所認識的人來種植，用愛心無毒的方式照顧而長大的作物，並縮短運送哩程數，減少石油、運輸成本的消耗。

從市民農園開始，實現菜園就在你身邊！

在台灣，我們也可以運用這樣的模式來進行，至少可以從公共空間的共享開始。相較於歐美日，地小人稠的台灣，鄉下農地價格可是歐美日的好幾倍，有能力買的人大多是退休族群，但不一定有體力或興趣種植，也不一定有意願分享土地讓外人共同耕種。

市民農園是很棒的開頭，面積不大、價格不貴、是嚮往田園樂者的入門體驗。目前主要有三種形式，分別是由公部門分割給市民認養的公有土地、由公部門承租之後再分租給個人的私人土地、以及自行分租或共享給其他人的私人土地。

國內的市民農園所規劃的單位面積，從三坪到三十坪都有，通常每個單位都有配水，不過缺點是通常離市區有一段距離，若騎機車或搭捷運的話，得花十五分鐘甚至四十分鐘的交通時間。

若能夠利用市區裡散佈各處的瑣碎閒置地，便可充分發揮「菜園就在你身邊」的效果。即使只有三十坪的閒置地，也可以每人三坪切割出來種植（或共同種植），步行三到十分鐘就會到的距離。當然，一開始就要求政府執行這類計畫，政府可能會不予理睬，依照陶德摩登發起人潘蜜拉的說法是「先種再說」，「我們省去一堆與所謂『專家』開會的時間，也沒跟政府文書往返。我們先從小塊的私人用地開始種，畢竟私人地主比較好談；我們也找到一些被政府遺忘的公家用地，像是馬路轉角處、安全島的收尾處……那些被人遺忘荒煙蔓草的小塊畸零地，經過我們的整理，變得好看又好吃。」潘蜜拉認爲，當市民自行做出一定的規模，地方政府便會跟進，但起頭還是得靠市民。

地方政府配合相關政策的執行，大家順路種菜、順手採收，不論大人小孩每天回家都會經過自己的菜園，便能隨時掌握菜園的生長情況、瞭解蔬果作物的成長過程了。

依照我所觀察，國內的市民農園多是把所有土地面積平均切割承租出去，其他人不能隨意進入承租者的菜園採摘，只有通往各個菜園的通道是公共用途的。若能預留百分之二十左右的空間作爲公共菜園，由主辦單位來維護（比如一百坪的市民農園裡有二十坪的公共菜園），從種植最常用到的調味作物及全年作物開始，如蔥、蒜、九層塔、香草植物、皇宮菜、川七等，不但市民農園的農友、連附近的居民也可以免費自行採摘，應可大幅增加周邊居民對土地與作物的關注。

另外，若條件許可，市民農園應定期舉辦市集或園遊會，農友可販賣自己生產的農作物，擅長廚藝者甚至可以現場創作廚藝，食材當然是來自現場的收成農產品。農友雖然不會因農作物而賺多少錢，但社區民眾的參與、家人的幫忙、農友及消費者之間互動營造的歡樂氣氛，都可以讓人與土地更加貼近。

套句陶德摩登社區居民的口頭禪：Why not go ahead yourself?，先從自己開始行動是

最簡單的，可食地景這個專案成立至今已經三年，他們的志工已經組織了成熟的分工網。

他們建議人們從自家門口旁開始，把草皮換掉，改種親民好種的九層塔、香茅及赤道櫻草，撒種也好、種小苗也好，悄悄的將純觀賞轉變成可以吃的地景，營造伊甸園般的可口社區！

傍晚，常有鳥逆光站在木樁上，看著我們忙來忙去。

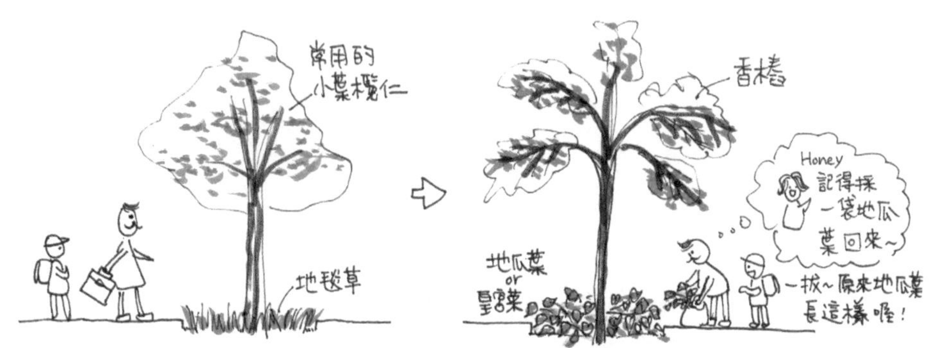

如果每個行道樹穴都種著好照顧的葉菜，
從下班（下課）到餐桌的過程會很有趣。

糯玉米

從菜田到家園，窗邊的風景 Window Farm

最大的收穫除了可直接在家窗邊採菜來吃外，還賺到了一幅垂直且每天變化的風景。而瓶子的水滴聲滴滴清脆。

利用回收瓶創造出一個可食的垂直窗景及自然之音。

五月，我耕種的市民農園經歷了整整一週的雷雨、暴風雨天氣，然後放大晴，並且伴隨焚風。雨勢讓鬼針草的勢力大幅成長茁壯，原本種植的空心菜與青椒，也被大雨泡到奄奄一息。

唯一欣慰的是，兩個月前扦插的金時地瓜的葉子、狀態都還不錯，糯玉米也收成了一大袋，連螞蟻都湊來吃（害我邊尖叫邊把玉米拋摔、恢復理智之後還要去找回），看樣子之前辛苦把菜畦堆高還是有好處的。

之前覆蓋在菜畦表面的乾稻草，因爲鋪的厚度不夠，早已失去阻擋雜草生長的功能，我在菜園裡哀怨的整理氾濫成災的雜草，忘記適時補充水份，焚風及強烈日照導致中暑，好幾次覺得頭暈目眩。

夏季來臨，不是全職農夫的我，無法趁日頭高照前、更早起床到菜園，但爲免豔夏之苦，我決定追隨農友 Monica 夏季休耕，讓人跟土地都休息一下，改成每週去菜園一天，若天氣不太熱還可以分批次割草。

每週去一次，是因爲我不希望完全暫停，自從有了耕種的經驗，我已經把它當成生活中的例行健身、流汗排毒，這是一種生活節奏的安心、一種微小卻無法缺席的幸福，就像喝杯茶那樣，小卻重要。即使休耕，我在家中另外搭建了臨時的小農場，以繼續滿足自種自食的消遣活動。

紐約大都會的垂直風景「窗戶農場」

一直以來我就對適合室內種植的水耕蔬菜很好奇，但始終卻步於它複雜的管線舖設、佔空間、不美觀等因素，直到兩年前發現 Window Farm（窗戶農場，簡稱ＷＦ）討論區，發現可以用比較簡單的方式來實踐水耕，同時也可以利用窗戶的垂直空間與陽光來種菜，於是開始追蹤這個網站的消息。

第一代的 Window Farm 是由居住在美國紐約公寓裡的 Britta Riley 及朋友共同創造出來的，他們把倒掛的寶特瓶當做滴水的花盆、搭配幫浦創造出水循環的垂直水耕系統。這個初始設計必須在窗框上方及下方分別固定連通水管，這樣的設計不但不美觀、不易ＤＩＹ，且有漏水之虞，正因構造不夠完善，他們決定成立一個資源共享的討論區 windowfarm.org，把他們首次執行成品的優缺點都列到網路上，邀集世界各地的朋友參與討論。

正巧當時得知朋友家中的長輩，每天都要打葡萄糖點滴補充血糖，點滴瓶的構造吻合 Window Farm 倒吊過來的寶特瓶、並且在瓶蓋處打洞滴水的設計。我請朋友除針頭外，將點滴及輸送管都收集起來，兩週之後我收到十四個點滴空瓶，讓我有機會自行安裝ＷＦ。我當時完全被這套系統設計震撼住，它將水平的水耕系統垂直化，變得不佔空間，唯因要在窗框上方架水管這件事，太容易漏水漏電、執行上也有困難，立刻被室友駁回，基於尊重，我只能暫時將這堆點滴瓶束之高閣。

直到今年五月在田裡中暑幾次、決定休耕在家種菜，久違了的 Window Farm ＤＩＹ再度浮現到腦海裡，我再度到ＷＦ討論區看看近況，發現透過世界各地的網民討論，設計已經演進到第三代，不必再於最高點安裝施工不易、容易漏水的連通管，而是在每串底部各置一個集水瓶，讓每一串的水流可以自體循環，施作起來容易多了。

我將每個點滴瓶兩側挖出兩個大圓洞，這樣才有空間可把盆子放入、蔬菜也才有生長的空間。依照討論區網友們的說法，我把瓶身一半到瓶口處漆上白色及局部貼上膠布，這樣可以降低藻類生長蔓延的機率。每四個點滴瓶用窗簾線串成一串，固定在窗簾桿上，主體結構大致完成。

依照瓶子的大小，選取合適的黑軟盆或盆身周邊開口的水草盆，這兩種排水都十分方便，每個都是一、兩塊錢，前者園藝資材行可購得、後者在寵物店的水族區應可找到。我因爲點滴瓶的外殼較寶特瓶軟且小，所以選擇兩吋（上直徑約六公分）的黑軟盆，才不會因爲硬塞而產生變形或裂開。

因爲一開始沒什麼信心，怕把蔬菜種死，我選了當季的莧菜與茄子、以及幾乎全年都可以活得很好的皇宮菜、九層塔做爲盆內植物。將這些菜苗移到黑軟盆，以排水性佳的蛭石填滿盆內空隙，再放入懸掛著的瓶子中，然後將瓶子與瓶子之間用適當長度的水管串起，讓水可順著水管傳到下一瓶的黑軟盆裡，才不會造成噴濺的問題。

以上這些部分都是純手工，雖然手指不太靈活，光是串接瓶子的活結就重打好幾次，但大約耗時一整個白天還是順利安裝完成，看著未完成但已經被綠意點綴的大窗，還是忍不住沾沾自喜。晚上，雖已略帶倦意卻執意一氣呵成，我先實驗單串的水循環，把空氣馬達、逆止閥及T三通管串接在水管或氣管之間。

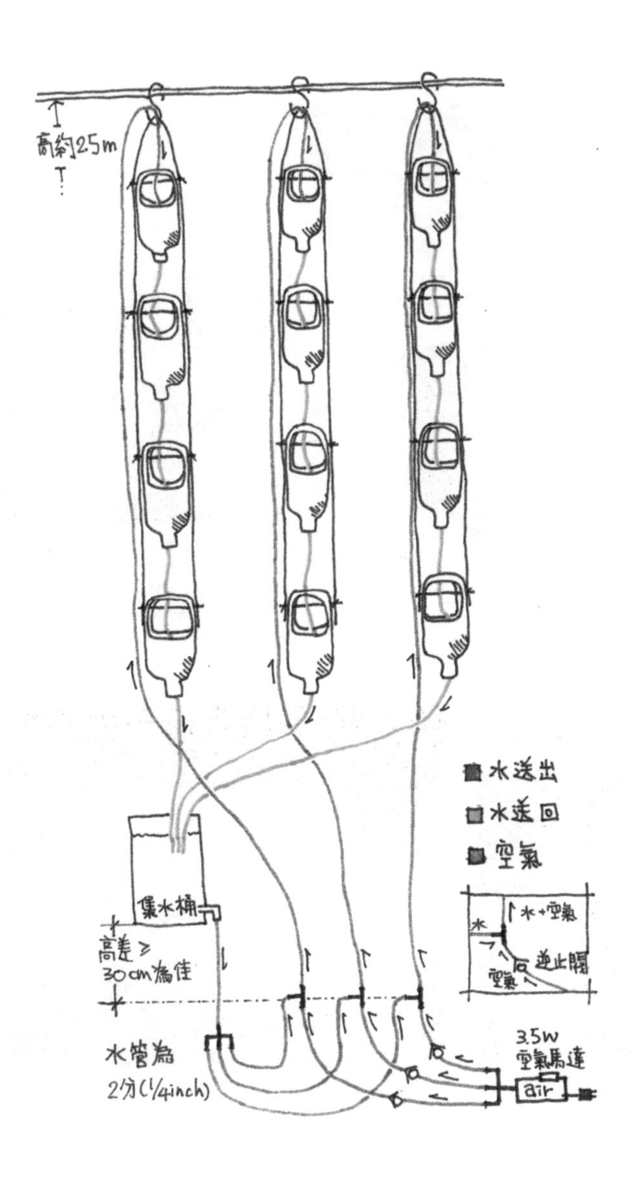

高約2.5m
水送出
水送回
空氣
集水桶
高差≥
30cm為佳
水
水+空氣
逆止閥
空氣
水管為
2分(1/4inch)
3.5W
空氣馬達
air

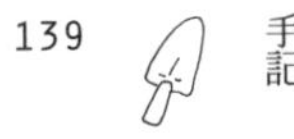

每串 Window Farm 的最上方，用 S 鉤固定，至於往上送水的管子，考量到轉折處日久容易堵塞，故用 L 型轉接管銜接轉折點。

起居室南端，是全家日照路徑照到最久的角落，於是決定在靠窗處設置 Window Farm 及 Shelf Farm。

水耕的 Window Farm 與土耕的 Shelf Farm。由於土耕的土壤用的是田土，沒考慮到裡面的蚯蚓會啃菜苗，所以一開始是 Window Farm 的進度領先。

除了最底層置物之外，第二層到第四層都種蔬菜，用獨立開關可以只打開需要照明的層架。

土耕鐵架的照明是用色溫 6500k 的 T 5 燈管。

理論上，當空氣馬達打氣，透過T型三通管可以把水往上打到Window Farm的最高點、再循地心引力滴灌下來。可是在我啓動了二瓦的水族專用馬達後，水並沒有如我所預期那樣往上打。我又重新接了許多次、拉短了風管長度、換了不同管徑的水管，都沒用，地板被我濺溼一地、一堆零件，疲憊讓我心涼半截。我開始自怨自艾、癱在長椅自憐起來。

原本在旁邊打電動看漫畫、冷眼旁觀的室友阿隆看不下去，推開椅子站了起來說：「失敗只是過程啊，妳不是在做實驗嗎？就是要一直嘗試。」阿隆的工作是維修機器，很喜歡拆拆裝裝，但因爲工作壓力頗大，我也不敢要求他回家還要做類似的事。他開始詢問我這套Window Farm的設計系統，我邊對他說明邊暗自竊喜，只要他感興趣、願意插手幫忙，就表示我的幫浦系統有救了！

他壓了壓水管入口，水馬上從出水孔往上衝，「有聽過伯努力定律吧？我把往上的入口管徑壓小，水反而會因爲空氣壓力被吸進來。看吧，叫你讀書不讀書！」看他一副得意囂張狀，內心默默升起一股無明火，但想長遠一點，只要他願意幫我搞定，被唸算什麼。

單串Window Farm的水路可以成功自體循環後，我們信心滿滿的加入剩餘的兩串，變成完整的三串。將馬達的出氣管接到「一進三出」（水族專業用語稱「鐵三通」）三岔微調閥轉接器上，預計將空氣供應到每一個風管之中。可是一經這麼轉換，水又上不去了。

「馬達不夠力嗎？」我問。

「那是最後一個可能，我們可以先試試看調整集水桶、出水孔、水位差的高度。」他答。

這時我已經沒力了，懊惱的坐在旁邊看阿隆測試，一下子調整水桶高度、一下子換三通管，每次測試失敗，似乎只是一件客觀狀態的呈現，並沒有造成他情緒上的打擊，他只是繼續換下一個方法嘗試。很快的我發現他對這套系統深感興趣，大約快一個小時之後，我們已經把集水桶架高、並將 Window Farm 流出的出水口降到最低，但是第三串的水還是上不去。

「好吧！應該是馬達不夠力的關係。」試過各種可能，馬達還是要換大顆一點的。趁水族館十一點關門以前，我衝去將二瓦的換成三．五瓦，這並不是最大顆的，但應該足夠了。

裝上之後，將馬達開啓，我們緊張的盯著送水管，「再不行整個系統就要重裝了。」阿隆說，水管發出一陣陣的乾咳聲應該是氣泡與水摩擦的聲音，馬達持續將空氣打入三通管，我們看著水位奮力掙脫地心引力的牽引，升三步降兩步、持續顚簸往上，最後終於穿過掛在窗簾桿下的S鉤、順利過了至高點！三更半夜，我們兩個喜地歡天的歡呼著，就像看到屬意的球隊全壘打一樣。

三條主要傳送的水路順利後，還要仔細檢查每個盆子的分支小水路是否順暢，一開始有一兩個花盆，因爲滴管堵塞而溢流出來，這時就必須重新調整滴管，不然不在家時可能會釀出小水災。

我欣慰的窩在沙發上，望著Window Farm的水往上竄再往下流、週而復始……這套Window Farm系統，不但可以種菜，還具有讓人平靜的療癒效果。就像看著沙漏雪花玻璃球……這是地心引力創造的美。

在Window Farm旁的牆面，由於也是陽光可以西曬到的角度，我另外放置一個一七五公分高、有四個層板的鐵架子，作爲Shelf Farm（架子農場），最底層用來置放Window Farm的集水桶，其他較高、陽光可照射到的層板，則用一般的長型花盆種菜。

我用的是從朋友那邊取得的自行發酵堆肥而成的田土。剛種的第一週，大陸妹的菜苗依序應聲倒地，輕輕一拔就起，莖與根幾乎斷掉了，土壤表面以下的根部已經消失、斷面有被啃蝕的痕跡，推測是土裡的蚯蚓所爲。爲了減少不知名蟲蟲跟蚯蚓的數量，除了先翻找出這些蚯蚓並野放到家前的草地外，還將田土放在不會淋到雨的地方晾乾，並且不時把土翻一下，因爲表土雖然乾了，裡土有可能還是帶有濕氣的，透過多日的乾燥，應該可以去除大部分的蟲卵及蚯蚓卵。

花盆底部先鋪一層木炭碎塊，有助於調解土壤與水份（也可以用別的介質），再將乾燥後的田土重鋪在木炭上，再度種植大陸妹、莧菜、小白菜、芝麻菜等種子及菜苗。另外每個層架上方的中央處安裝色溫六五〇〇K、白晝光的T5燈管（爲十四瓦支架燈），這樣若遇到光線不足的時候，還是可以藉由人工照明稍作補強。

施工完成兩週之後，移植到Window Farm的菜苗，除了一開始有些菜葉不太適應爛掉之外，其餘的都穩穩成長，表現穩定，葉子不但直挺的面對窗外陽光、也增添了些許新鮮菜葉。其中唯獨茄子，在結出小果實後，開始出現葉子零落的狀況，難道它眞的不喜歡潮溼嗎？茄子在菜園裡頭，只要周遭的田土有積水、回滲到它的生長範圍，就會變得零落，所以當 Window Farm 的茄葉開始下垂，也並不讓人意外，上網查詢發現，雖有成功種植的水耕茄子，但卻沒有茄子成功在 Window Farm 上長大的。

爲了避免讓它白活，我決定將茄子重新種回土壤裡，而原本的空位改種萵苣。但下次若有茄子的種子將再測試看看，讓它從種子發芽時期就開始習慣水耕吧！？

夏天的濕度低、溫度高，水份透過葉子蒸散快，Window Farm 大概三天要補充集水桶的水份一次、並用滴管滴個十ＣＣ左右的自製液肥。本來還想在集水桶裡面養幾隻魚，透過「魚菜共生」的方式提供蔬菜肥料，「妳每次都把魚養死了，這次集水桶放在這麼暗的地方根本沒辦法讓牠們健康生活，而且爲什麼要讓人吃的菜沾到魚便便？」阿隆的分析以及豐富聯想讓我先暫停這個想法。

完工一個多月，除了剛移植時有些修剪過的枝葉爛掉外，Window Farm 裡的莧菜、皇宮菜、大陸妹都活得欣欣向榮，尤其是皇宮菜，感覺好像適應水耕更甚於土耕，而十字花科的小白菜也不急不徐的日漸茁壯。看著窗外氣急敗壞的紋白蝶、痲雀，我忍不住得意的笑，「你們吃不到，哈哈！」

若加上一旁 Shelf Farm 層架上的豆芽菜，目前一週可以採收三至四次一人份小盤蔬菜，另外再搭配菜園裡的根莖類作物。等 Shelf Farm 裡的幼苗長大之後，也許就可以供應更多的蔬菜量了。

以手邊或便利商店可以取得的寶特瓶爲主，即使是瓶子造型不同也無所謂，不必爲了做 Window Farm 而特別去買瓶裝飲料。因爲我使用的是點滴瓶，瓶底有做掛勾不方便打洞，若是一般寶特瓶，可以於瓶底打洞，並用瓶口對瓶底的方式串接起來。

1 塑膠瓶變身

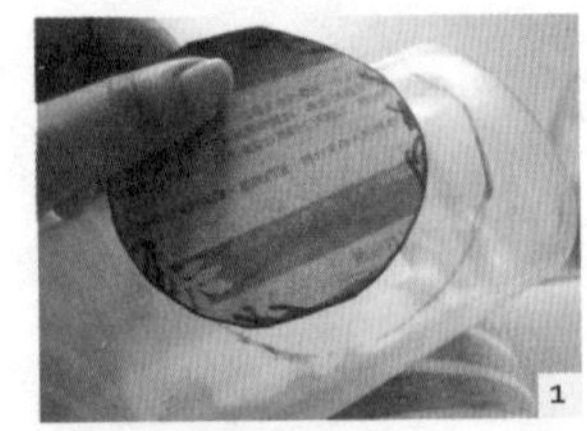

依照瓶身裁出適當的板模，然後再用麥克筆描繪板模於瓶身。

把瓶子的兩側都裁出圓洞。

圓洞並非越大越好，需留意瓶身不能斷掉，且有足夠的力道可以承受本身及瓶內的植栽重量（意思就是說，兩側的連接面不能裁得太細）。

回收來的葡萄糖點滴瓶，瓶口已經經過特殊處理。若是一般寶特瓶，則需要在瓶蓋鑽洞。建議洞口鑽的方向是由外而內，再於鑽孔內插入一截細吸管，可以讓水位到一個高度之後再滴出。

用廣告傳單將瓶子包住洞口的部份，然後噴白漆於瓶體其他部位。噴漆的目的是遮住光線，降低藻類於瓶底滋生的速度與機率。

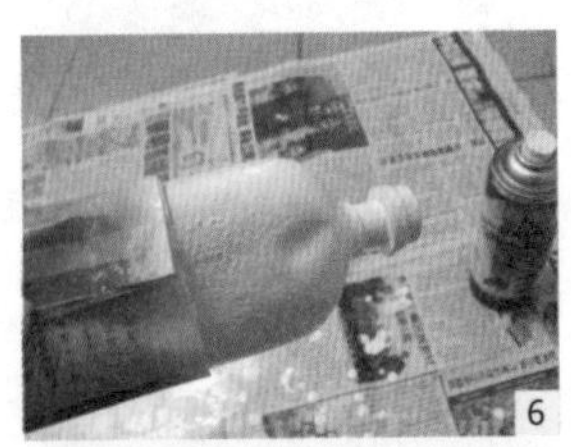

先裁洞再噴漆的好處是，可以降低手碰到瓶體產生掉漆的機率。

噴漆完畢之後風乾，並再噴漆一次，二次風乾後即可。由於瓶身是光滑的塑膠面，遇到落漆的區塊，只好用白色膠帶補貼。

2 以窗簾繩做出骨架

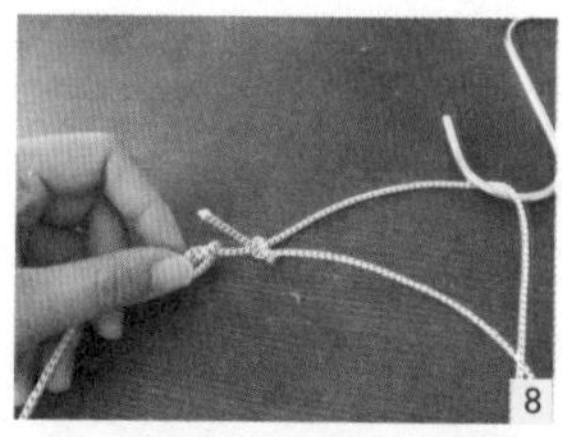

接下來要將瓶子串起來。先量出窗戶的總長度，並確認瓶子之間的間距。將第一個瓶子所在位置的直向窗簾繩打個結，將來橫向（用來架住瓶身）的短繩就可以有個固定點。

將橫向短繩穿過瓶子，並在直向繩上面打活結，將來就可以任意調整瓶子的高低。也有人使用金屬珠鏈，並利用珠鏈接頭來固定位置，不過在購買珠鏈接頭時注意選購挖空型的接頭，而不要買到只能扣住珠鏈端點的接頭。

3 放盆

於黑軟盆底部放一小塊紗網，可以阻擋蛭石從底部洞孔掉出。

若要放入菜苗，將蛭石填 1/3 盆。若要放入剛發芽的種子，則蛭石要填滿整盆。

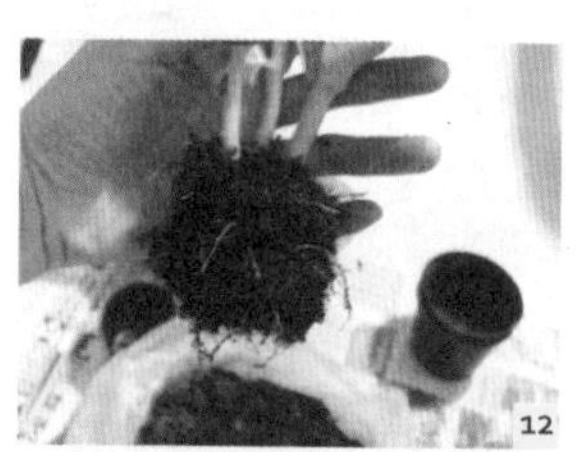

將菜苗多餘的土壤剝掉，只剩根部纏繞的部份，放入黑軟盆內，空隙再用蛭石填滿。

若要從種子開始種起，則先將種子放置於潮溼衛生紙一天，待種子發芽之後再輕輕卡在蛭石堆中，較不會掉入深處。左邊為滴管，將上一個瓶子的水接引到黑軟盆蛭石堆中，如此可避免水打到葉片而濺出。

所需準備的道具：回收的塑膠瓶、窗簾繩、S鉤、水桶、水族專用的空氣馬達及同尺寸的水管、與塑膠瓶身吻合的黑軟盆、蛭石、紗網、菜苗或種子。所有添購的價格約可控制在七至九百元以內。

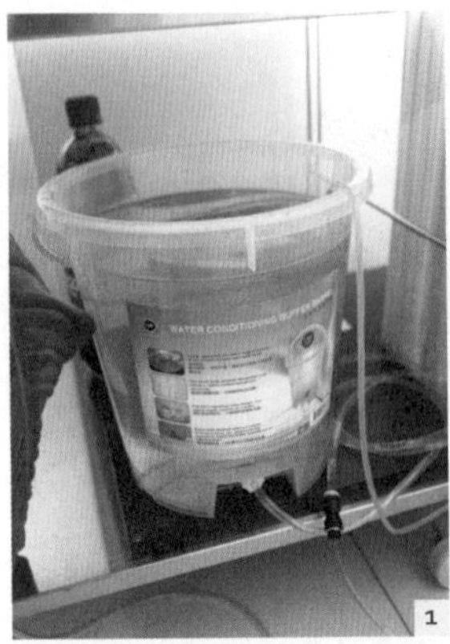

原本想用一般的水桶打洞，但剛好在水族館看到有安裝水龍頭的桶子，室友把水龍頭拆了，換上三分轉兩分的接頭，再接上水管，就可以當做出水的管路了。

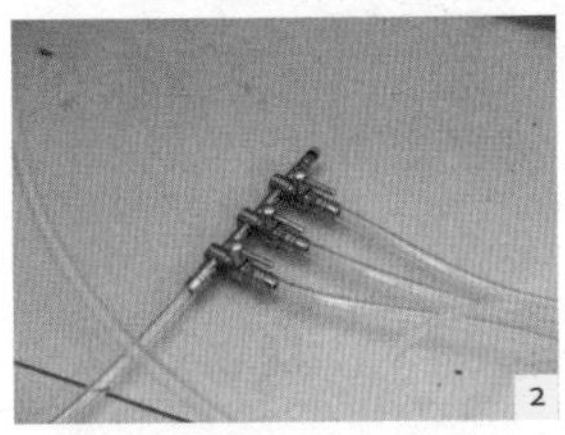

一進三出轉接管（也稱鐵三通），可以將空氣馬達打出來的氣管由一轉三。

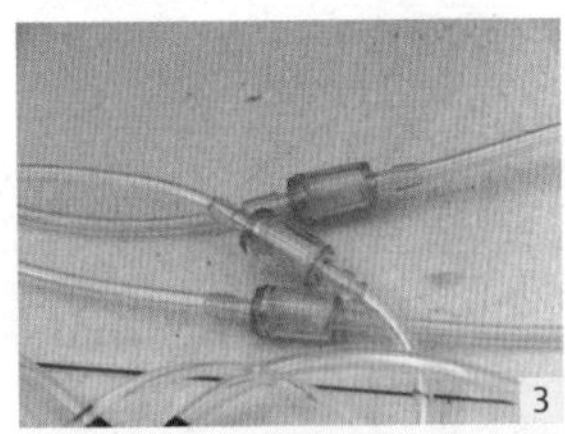

逆止閥，由於馬達打氣口與集水桶出水孔的水位都在同一高度，為避免水回流到馬達氣口、導致馬達「嗆到」，從一轉三之後，在每個氣管都裝上逆止閥。

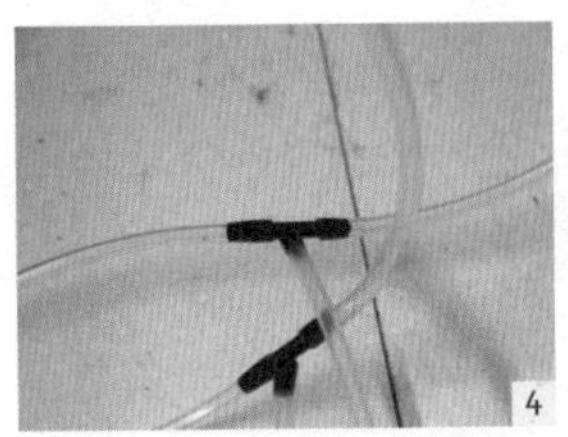

將氣管與水管匯流，透過 T 型三通管，就可以將水往高處打。

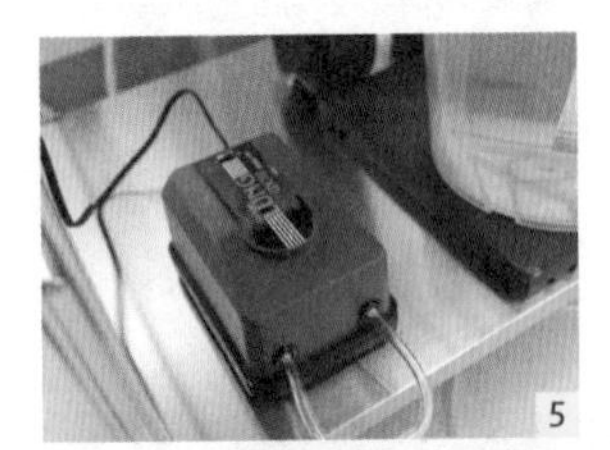

空氣馬達。水族館即可購得，價格約在四、五百元左右，是整個安裝系統中最貴的。

■ Window Farm 的維護：每週換一次水、或者當桶壁出現藻類時換水。我習慣在更換水的同時，加一點食用小蘇打。另外，每週也會滴約 10c.c. 的液肥到集水桶裡。

■ Window Farm 討論區（英）：windowfarm.org

我想，最大的收穫，除了可以直接在家裡窗邊採菜來吃外，還賺到了一幅垂直且每天都在變化的風景。白天跟晚上，看起來也不一樣，白天時植物的葉子緩緩朝外，晚上時因爲室內開燈，它們又微微朝內，而每個瓶子所滴下的水滴聲，雖然不是很大聲，但聲音滴滴清脆。利用回收的瓶子創造出一個可食的垂直窗景及自然之音，應該是今年夏季我們家最大的收穫吧！

洛神

洛神花萼

洛神籽
(不能吃,需剔掉)

厚厚的花萼
就是拿來做蜜餞、煮湯
的材料

以草養菜　以地養地

大型培養皿的製作：覆蓋＋填充的菜畦實驗

結合 Ruth 的覆蓋法及 Sepp 的填充法，乾稻草作為覆蓋、乾掉的鬼針草作為菜畦填充物，應可讓蔬菜作物長得好、又不須太勤澆水吧，暫且稱為「覆蓋＋填充的菜畦」！

未雨綢繆，苦尋旱稻

早在承租菜園之前，我就四處尋找旱稻的蹤跡。因爲我很擔心排名全世界第十八名的缺水國台灣，哪天眞的缺水、導致所有水稻都沒了收成，我們要吃什麼？旱稻可以取代水稻嗎？台灣還有人種旱稻嗎？

旱稻並不好找，主因可能是平均每穗的產量較水稻少，穗尾又帶毛，不易脫殼，處理起來程序較水稻麻煩。我一度以爲旱稻已經沒有人種了，後來打聽到花蓮原住民朋友在取水不易的高山，會種旱稻自給自足。

租下市民農園隔週，自然農法老師詹武龍剛好輾轉取得剛採收下來的三穗旱稻，「你知道北台灣一年可以種幾次稻子、何時收割、何時插秧嗎？」以前我對這些事情毫無概念、也覺得沒什麼好關心的，直到我拿到三穗旱稻，武龍提醒我，「下週就得種了，不然就來不及囉！」

我這才知道，原來七月是水稻插秧的季節，而我拿到旱稻種子時已經是八月上旬，若立刻種下去，變成秧苗也要到八月中，比水稻足足慢了一個月。我依照指示，先把旱稻種子泡在水裡兩天，直到稻穀末端出現白色小段，就是開始冒芽了。

大型培養皿的製作：覆蓋＋填充的菜畦實驗

這段期間正好讀到 Ruth Stout 這位老太太所推廣的「不必挖、不必忙的菜園」（No Dig, No Work Garden）、「不會腰酸背痛」（No Aching Back）的「覆蓋物種植法」：只要持續丟覆蓋物到菜園裡，諸如乾草、稻草、木屑、雜草、植物性可分解的垃圾廚餘等，作爲表土的保護層，至一定厚度，將可以確保土壤維持適度的濕度與鬆軟，還可以確保雜草不會再長出來，而覆蓋物也會逐漸分解爲有機質、成爲菜葉的營養來源。所以，只要持續丟覆蓋物到菜園裡，就不需要辛苦挖菜畦、掘草溝、除草等，她針對所有的種植問題及需求，都一律以「更多覆蓋物」（More Mulch）來解決。

我搜尋 Ruth 提供的相關作法，十分嚮往，只要覆蓋乾草就可以採收跟種植，眞是一件輕鬆又幸福的事情啊！我很納悶爲什麼國內沒有人推廣 Ruth 的方法呢？

此外，我也對奧地利樸門農夫 Sepp Holzer 所推行的「Hugel Kultur 塡充法」很有興趣，相較於 Ruth 的覆蓋表面，他的作法更辛苦一點，他要堆起菜畦，菜畦的厚度是用枯枝落葉、乾草等去當塡充物，壓實之後，再覆蓋一層土壤。Sepp 認爲，把種子播種在土壤層，種子的根將來在塡充層中會有比較多空隙，較容易保水及取得空氣。

我想結合 Ruth 的覆蓋法以及 Sepp 的塡充法，乾稻草作爲覆蓋、乾掉的鬼針草則作爲菜畦的塡充物，應該可以讓蔬菜作物長得好、又不須太勤澆水吧，暫且稱爲「覆蓋＋塡充的菜畦」，聽起來就很酷，我躍躍欲試。

詳細作法是，割下現地的雜草作爲塡充物、乾稻草作爲覆蓋物，並於這些猶如培養皿般的菜畦上種植蔬菜等作物。因旱稻必須趕在夏天的尾巴前種下，加上禾本科比較好照

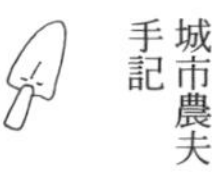

出差數日回開心農場，赫然發現原本滿滿的野草已經被割光。

剛租下時的市民農場模樣，農會沒有提供任何整理的服務，不過每塊田都配有一支水龍頭。

料，我打算先清出一塊區域，直接把發芽的旱稻種子埋到土裡，四周再以乾稻草覆蓋表土保溼。而種植蔬菜的菜畦，則是完整運用上述的想法來操作。

斬草不除根，與鬼針草奮戰

乾稻草來自其他農友，他們收割之後，還有許多綑稻草閒置。至於鬼針草，就要靠自己割了。我租的是六十坪的田，因爲秉持著「斬草不除根」的原則（連根拔起會讓土壤表層變硬、很難再長出東西，只能再用乾草長期覆蓋來使它軟化了），決定親力親爲用貼地式的方式割除地表以上的鬼針草，每半天只能割除五到七坪的鬼針草。隔壁種稻的陳伯伯實在看不下去，搖頭問我「你是要割到何年何月？」

然而在出差數日回來農園時，我不敢相信自己的眼睛，原本還剩三分之二未除鬼針草的

鄰田農友燒田中。有一次他燒到我菜園的角落，後來我在這光禿禿、充滿草木灰的角落隨意播下幾顆玉米，沒想到長得很快，玉米又甜又好吃！

才除草沒過幾天，匍匐莖野草又迅速長出，比鬼針草重生還快速，周遭的農友都很怕它、並以火燒方式解決。

田，竟然已被割光了！近看才發現，這應該是用背式除草機、以牛筋繩來除草的，尚有大段根莖外露在地表。這樣一來鬼針草還是會重新再長出葉子、開花、結出鬼針，而且讓我更難抓、更難除草。心情矛盾，我感動於陳伯伯的貼心，畢竟，他還要背著很重的除草機走到這、割草還要耗自己的機油，一般人，才不會幫忙你呢！這就是農夫不求回報的熱情！

以上的糾結很快就釋懷，因爲不論是阿伯的牛筋繩除草法、或者是我的斬草不除根，其實都無法終結鬼針草的生命，哪怕莖部僅外露一公分，它還是照樣再長出新的枝芽與嫩葉。後來我把這

斬草不除根
春風吹又生
來當覆蓋物

撥開乾稻草，每一個凹洞放入 4、5 顆發芽的稻穀。現在想想，也許應該把土隆起成凸狀，讓旱稻較不易泡水。

三穗旱稻約 400 粒稻穀，旱稻一直是我想種的作物，不像水稻需要長期泡水。但種了才發現，旱稻若很久沒有澆水一樣會枯掉死去。

九天之後，有些旱稻稻穀已經發芽、有的則疑似被螞蟻或其他昆蟲搬走而無影無蹤。

泡水四天之後稻穀冒芽可以種了。

用乾稻草覆蓋薄薄三排，自我安慰說有覆蓋總比沒覆蓋好。

個困擾告訴武龍老師，他說，相較於不用這麼費心的其他雜草，鬼針草可不能只是貼地割，最好把鐮刀深入土壤底部約二至三公分割除，讓它完全不見光。這種割草法眞的很累，而且常常不小心就把整株連根拔起了。

另外，我也很快得知爲什麼 Ruth 的覆蓋法紅不起來。我立即遇到非常實際的阻礙——「覆蓋物不夠」。如果要達到 Ruth 老太太所要求的「至少二十公分厚」的覆蓋層，那麼一坪的面積就需要約八、九綑乾稻草，而三穗旱稻的種植面積約八坪，等於要用到七十二綑的乾稻草！

雖然覆蓋物不足、但受限於時間緊迫，我於是用現有的五六綑乾稻草鋪在其上，聊表心理安慰，然後把發芽的旱稻，每四五粒種一起，間距約五十公分、行距約一公尺，相較於一般的水稻田，旱稻的密度可說十分寬敞奢侈。冒芽種下之後，成長的速度就快了，一週內就抽長了十公分，接下來就以十分穩定的速度成長。

雖然乾稻草不夠，但我還是沒有放棄 Ruth 與 Sepp 方式結合的「覆蓋＋填充的菜畦」實驗。畢竟，鬼針草也可以拿來當覆蓋，四周還這麼多，割下來之後堆成一堆，乾枯之後就可以拿來當覆蓋和填充了。只是比較累，要花更多時間去割草。

瓦楞紙覆蓋法的第一次操作與修正

依照手邊有限的資源，綜合了瓦楞紙覆蓋法跟厚土種植法，形塑的過程中由於沒有堆肥，都是用已乾或未乾的草葉，如果手邊剛好有一些堆肥或已經腐爛的草葉更好。

1 準備一疊瓦楞紙板，可去量販店取得不要的瓦楞紙箱。

2 原地割下的鬼針草，我沒等它乾枯、就地鋪設，結果後患無窮。正確方法，應該是把綠色枝葉移走，鋪上枯掉的落葉、乾草及堆肥。

3 風很大、天色已暗，邊鋪瓦楞紙邊澆水以增加其重量，鋪完之後，上面又放了幾束剛割下的鬼針草，同樣的，應該用更厚的覆蓋物及堆肥，能到二十公分最好。

4 隔天，繼續增加鬼針草的厚度、並在大區塊旁增加兩個小區塊。

5 鋪上珍貴的乾稻草。

6 澆水。這個階段最好先靜置幾天，讓土壤與覆蓋物交接面微微分解，後續讓覆蓋厚厚一層乾稻草的菜畦靜置三至四天，這幾天沒下雨，不過黏土質的菜畦並未因此乾掉硬化，撥開稻草是鬆鬆軟軟的土壤。

7 當時做到這就認為完工，然而仍有需加強處。僅在最上層鋪一層瓦楞紙或姑婆芋，易因強風整個吹翻，偏偏新竹風大，應再鋪一層厚土壤與乾稻草，再將種子種在其上。

8 被強風整個吹翻起來，證明這次的土壤跟覆蓋物都太薄了，下次的實驗再改進！

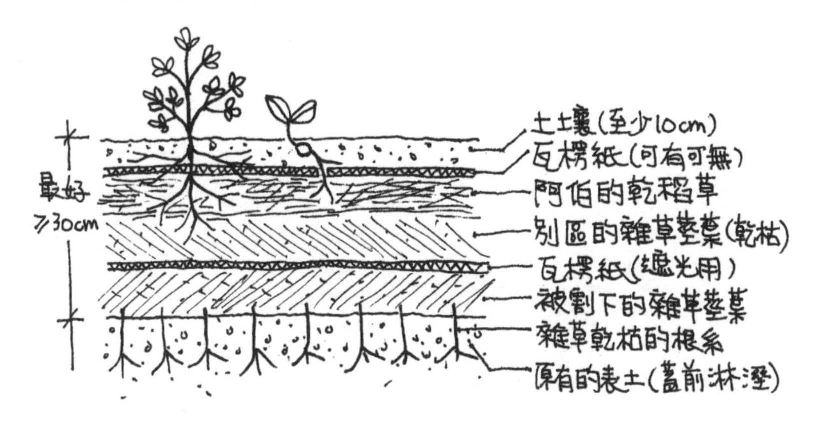

瓦楞紙覆蓋法（Sheet Mulching）的理想圖

這是從國外找到的資料、將之重繪並轉譯成中文字。個人覺得這真的很理想，但光是要培育足夠的堆肥、厚達二十公分的覆蓋物、以及分類過的純草葉覆蓋，就要很多時間與空間，不過若是剛好有這樣的資源的話，倒是可以試試看。

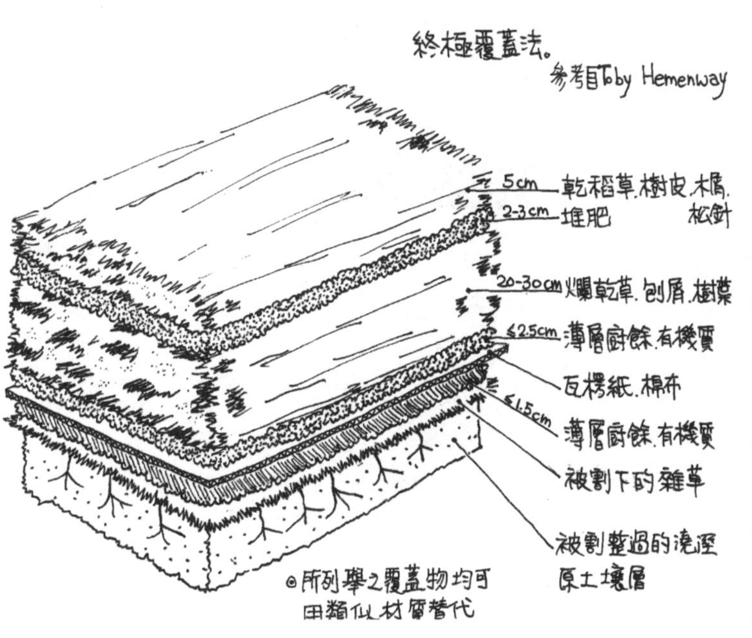

覆蓋物如果夠厚，也可以讓你減少澆花的次數。這是自然農法老師詹武龍所分享的，他說陽台種菜也可以讓土壤保持自然的濕度，覆蓋物及土壤表面之間的微生物也得以作用，以保持植物根系的健康，當植物的根健康，就比較不會讓植物的莖葉生病。

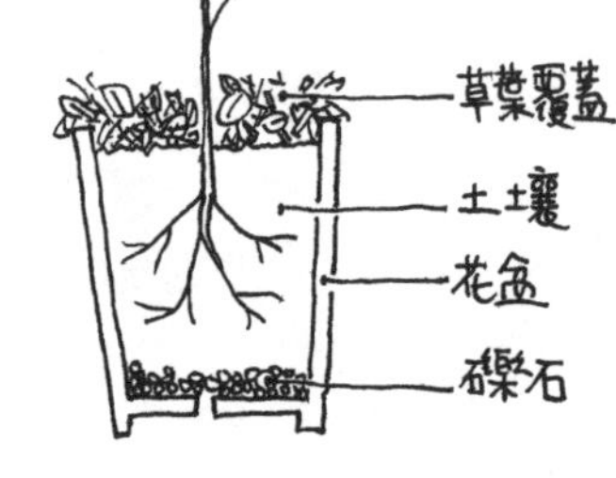

花盆種菜的好幫手：草葉覆蓋

將路邊的野草摘下來剪成5公分一段。

鋪厚厚一層，約5公分厚。

一個月後，覆蓋物已「扁掉」，需添加新的落葉。這段六月至七月下旬的時間，每週僅澆滿水約一至二次，植株仍活得很好。

我的菜，是鬼針草養大的

爲了累積更多覆蓋物，我在炎炎夏日下，笨拙的、努力的、鐮刀貼地的割下一束又一束的鬼針草，也漸漸適應了自己的汗臭味，還學會用毛巾防止額頭上的涔涔汗水不斷流入眼睛的不便，並且順勢卡住斗笠不被強風吹走。

不過，鬼針草不像乾稻草那樣可以同時密實又鬆軟，鬼針草的莖較硬，就好像一根根的細棒子一樣，如此一來陽光還是會透過去，雜草還是會從細縫長出來。

後來在網路上查到用以應付覆蓋物不足時可以遮住陽光的方法：「瓦楞紙覆蓋法」（Sheet Mulching）。依照國外的示範影片顯示，將欲種植區域蓋上瓦楞紙，即使那個區域上面原本就有雜草也沒關係，然後在瓦楞紙上澆水、再覆蓋一層有機質，把要播種的瓦楞紙定點戳破，再種下菜苗或種子。

我在預計種菜的小區域稍微整平並集中草葉後，就把瓦楞紙蓋上去，預料在沒有光線的狀況下，雜草就會如網路上所說、慢慢腐爛成爲養分。可以說，我所種的白蘿蔔、芥藍菜、黑葉白菜等，都是讓鬼針草給養大的。

前後大概做了五個「覆蓋＋塡充的菜畦」，塡充夠高的菜畦大概有兩個，不但要夠高、而且要穩定不能讓邊緣坍塌。塡充層扮演重要的角色，乾掉的鬼針草要壓實，最好在上面來回走跳幾次，再把土壤層鋪上，最上面再放一層乾草或瓦楞紙，後來我嫌瓦楞紙不足，乾脆用厚厚一層土壤（十五公分）取代瓦楞紙。在這種菜畦上種植的白蘿蔔，比直

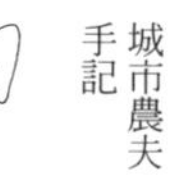

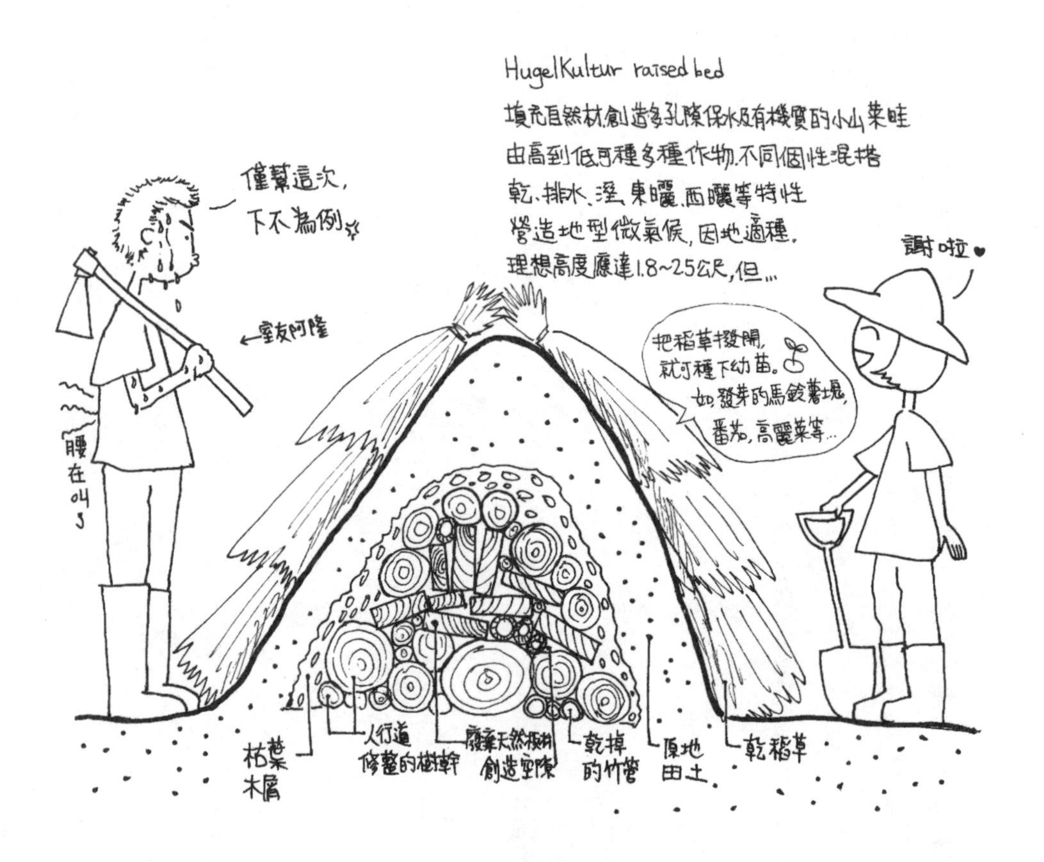

Hugelkultur raised bed
填充自然材創造多孔隙保水及有機質的小山菜畦
由高到低可種多種作物，不同個性混搭
乾、排水、溼、東曬、西曬等特性
營造地型微氣候，因地適種。
理想高度應達1.8~2.5公尺，但...
僅幫這次，
下不為例
←室友阿隆
腰在叫了
謝啦♥
把稻草撥開，
就可種下幼苗。
如，發芽的馬鈴薯塊，
番茄，高麗菜等...
枯葉
木屑
人行道
修整的樹幹
廢棄天然椏枒
創造空隙
乾掉
的竹管
原地
田土
乾稻草

兩週後的瓦楞紙覆蓋法，可以看到瓦楞紙下方的鬼針草已經大部分乾枯，然而這只是假象，有一部分的鬼針草枝條並沒有死去，反而開始長根、冒新芽出來。由於強風會從角落把覆蓋物翻開，只好找一些石塊把瓦楞紙壓住，事後想才覺得表面應該再覆蓋厚厚一層土壤或覆蓋物才對。

覆蓋法完成之後兩週，白蘿蔔已經順利經由我所戳破的瓦楞紙冒芽而出。

接種在土壤裡的還要長得快、肥又漂亮。而此種菜畦的保水能力，更可以減少十字花科等葉菜類枯萎，沒下雨時，秋天大概三天澆一次水都還不影響成長的。

我土法煉鋼，不過，第一個瓦楞紙覆蓋法嚴格來說是失敗的。

第一，我低估了鬼針草的生命力，在它還是「活著」的時候（莖條還是綠色、沒有乾枯），讓它還是直接接觸土壤、並且持續澆水，沒想到，即使沒有陽光、即使它的莖已經倒下，它依舊可以橫向發展！朝向土壤的部份再生出鬚根吸收水氣與營養；朝向天空的部分長出新葉；遇到瓦楞紙之間的交接空隙就鑽出來吸取陽光。

第二，瓦楞紙遇到水之後，變得很容易破，紙上再放一層覆蓋物，等於加重其重量，到處都有破洞讓陽光穿透，就形同沒有鋪設，讓原本應該要腐爛的鬼針草及雜草重生，與菜苗競爭成長空間。

鬼針草生命力之旺，一度讓我感到噁心，它就像植物界的蟑螂，只要它的一段莖裡面含有關節（枝條的節），就可以重新再長成一株，根本不需要種子。

當然，它也不適用於貼地割除、留下根系的方式，因爲它的根會繼續存活並長出新的莖葉。後來只要遇到鬼針草都是連根拔除，要不然就像詹武龍所說的，要深入土壤二、三公分割除。

假如它今天長得跟波斯菊或瑪格麗特等觀賞花朵一樣可愛也就罷了，偏偏它在成熟之後，會長出一球一球的倒鉤黑刺，黏住你的手套、褲子、襪子，如果不把它一根根拔掉的話，用洗衣機也洗不起來，衣物會把它吃得更深，下次再穿襪子時會覺得刺刺的。「怎麼會有這麼死皮賴臉的植物呢？」我還爲此怨懟了一陣子。

「阿羚，你這樣修練不夠喔！」台東的自然農夫羅傑跟我說，「我們家不只是衣服有黏鬼針草，因爲都丟洗衣機清洗的關係，連棉被、枕頭、椅子都有它的蹤跡！有的還會發芽呢！」

直到我留意到，它們是野蜂採集花粉的主要蜜源植物之一……那天我正低頭除草，聽到嗡嗡聲，原來周遭有兩三隻野蜂正忙著在鬼針草之間採花粉，我看著蜜蜂後腿那肥大的兩球花粉，感動湧上心頭，很高興我的菜園能夠對蜜蜂有點貢獻。亨利．梭羅曾說，

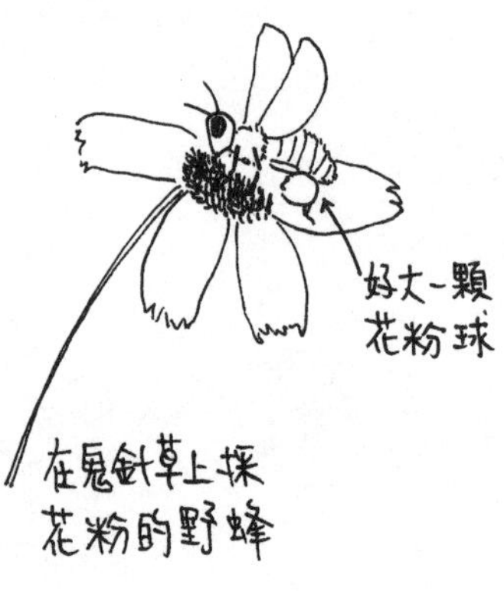

all good things are wild and free，鬼針草這種野草，對蜜蜂來說是有助益的，也因此間接對人類而言是有助益的。如果我要剷除它，再種下的新植物也要能夠提供蜜源或花粉，要不然就留一些鬼針草在菜園裡，跟它和平共處吧！

裂開照長不誤，
不影響口感。

建構菜園骨架：菜畦與水路的設計

從種植、照顧、到經歷了採收，對我而言很像在禮物。作物就像一個非常非常大方的耶誕老人，你跟他要一個禮物，他給你十個。

雖然自然農法不鼓勵偷懶，但我必須承認，怪手翻過的田，土變得比較鬆，挖土堆菜畦真的省力多了！遷到新的菜園後，都是裸露的土壤，怪手將原本土壤表面的雜草全都翻到土裡，讓土壤外翻。因爲怪手鑽得夠深，顏色偏鐵紅、肥毒層的部份也被打破翻出，如此一來，土壤的深度增加了，也許將來植物的根系可以紮得更深，這就是有怪手幫忙的好處。礙於有限的人力與時間，國內許多自然農法農夫並不排斥使用大型機具來犁田、翻土、整地。

已經連著好幾個月都下毛毛細雨，通常來講，下雨不動土，以免土壤在黏土狀態時被重塑，待乾掉之後就會變得很硬、小苗會長不出來。趁著新曆年前後的晴朗好天氣，我把握時間、開始規劃兩塊地的水路與菜畦的安排。

水份澆灌畦溝，蔬菜更能深入吸收土壤養份

這次我打算規劃具有暫時蓄水及減緩排水功能的水路。把菜畦之間的畦溝末端相連、呈E字型，如此一來，畦窪內部相通，但不會排到菜園的公共排水草溝裡，水不外流。下雨時它可以延長蓄水時間，讓更多水份被作物的根系吸收，我也不必每天來澆水，一週澆一兩次就可以了。

這個想法其實是跟農友小張學的，他也上過秀明自然農法課程，可說是我的學長。由於小張在田裡實踐的是自然農法、不用農藥及化肥，而且適度的讓雜草生存，在其他農

友眼裡，他跟我應該都被列入「不聽勸」的怪咖（但他種的菜比我的漂亮多了），這反而讓我們更有一種惺惺相惜的同袍情誼。

那天，我看到小張直接把水管放在菜畦與菜畦之間的畦溝，他讓水不停流到畦溝裡面，自己卻在另一個角落整理菜畦。

「小張，你忘記把水關掉了唷？」我問。

「不是的，我在澆水啊！」

因爲水管排出來的水量大於畦溝本身的排水量，畦溝已經積水到一半的高度了，我都替小張緊張：「但是已經積水了！你不怕水災嗎？！你怎麼會把水放在畦溝裡面啊？」

「呵呵！我是故意的。你仔細看我怎麼挖這些畦溝的？」小張要我觀察。

我這才發現，他挖的畦溝是以E字型相通，就像阿公隨身攜帶的牛角扁梳一樣。每條南北向的畦溝前端，都由一條東西向的畦溝串接起來，只要把水放流到這個E字型的畦溝裡任意位置，水就會慢慢填滿所有的畦溝。

「很方便沒錯啦，但應該是澆在菜畦的蔬菜上面吧？你怎麼反而澆在菜畦外側的畦溝呢？」我還是不解。

「把水澆在畦溝，菜畦底部的土壤也會吸收到水份，這樣可以促進蔬菜的根系向下紮根，根紮得深，蔬菜比較容易吸收到土壤深層的養分，好讓植物自立自強啊！」

不要直接在菜葉上澆水！

周遭的農友、包括我，都是把水直接澆在作物上，這樣其實不太好。相較於一般雨天的綿綿細雨、或者即使是傾盆大雨好了，通常都比不上水管澆水的水量，記得有一次我小心翼翼的把胡蘿蔔種子淺淺的埋在土壤之後，水一澆，種子全都四處亂流。

小張的說明讓我恍然大悟，當天回家之後還很雀躍的跟室友阿隆報告這個發現，沒想到他一副不屑的樣子說：「之前詹武龍明明在課堂上就有提到，水盡量不要直接澆在植物上。你上課都忘光了對吧？」阿隆被我拖去一起上課，在課堂上，我會認眞做筆記，回來則是忘光光，可是他會邊看 iPad 裡的卡通邊聽，沒想到卻可以記在腦海裡，眞是恐怖。阿隆繼續補充：「一是避免有些怕水的花葉遇水腐爛，二是澆水在葉子上，葉子會把水彈開，下方的根系反而是乾的，最後是擔心水珠的透鏡效果，會讓葉子灼傷，以正中午澆水最容易發生，所以詹武龍有說，不要在中午澆水啊！老師上課你有沒有在聽？」我有在聽，只是忘記，但無法反駁，只能摸摸鼻子被唸。

我很佩服小張，把「不要直接在菜葉上澆水」的想法轉化成實用的操作。所以趁這次有機會重新規劃兩塊已經被翻好的田，我等不及要把這樣的想法加以實踐。

除了水路之外，我這個學人精，看到欣賞的作法總是想要學起來，我決定趁這時也把其他看到的特點加入第二塊地的規劃與建構。

第一，加高菜畦。菜畦顧名思義，就是人類特別挖出來堆高的一堆鬆土。依稀記得一位頂樓種菜屋主說，大部分的作物都喜歡深一點的花盆，是因爲相對於其他平平的土壤表層，植物的根可以伸展的更深更廣，吸收到更多深層的養分。所以，我把菜畦高度建構在約三十五至四十五公分高，比其他的農友還要高兩倍，等於說，我必須比別人挖兩倍深的畦溝，才有足夠的土壤量去堆高菜畦。

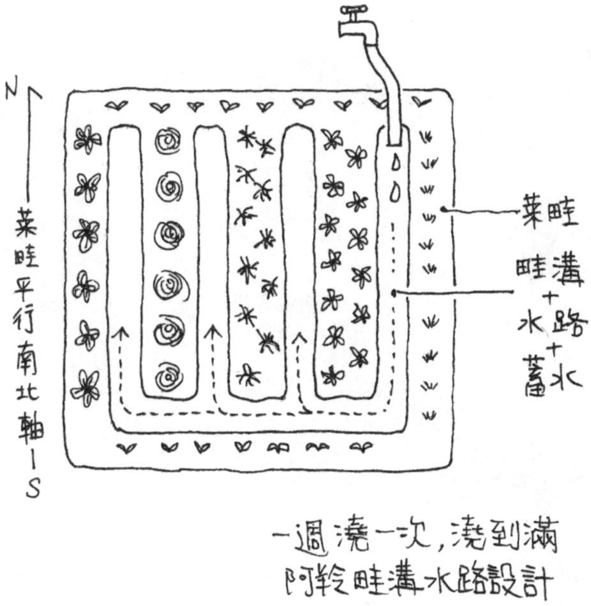
N
S
菜畦平行南北軸
菜畦
畦溝+水路+蓄水
一週澆一次，澆到滿
阿羚畦溝水路設計

第二，菜畦外側要做「岸」。這是我在台東池上黃姐民宿那邊學到的招數。黃姐教我要像揉黏土一樣，把菜畦邊緣稍微拉高約三至五公分高再收邊，如此一來水份較不會立刻順著邊緣往下流洩而去，菜畦面的土壤也較不容易像小型土石流一樣、跟著水一起流下去。

第三，菜畦中間高、兩邊低。這則是模仿農友老簡的作法。老簡也是個上班族，當時我觀察老簡的田，發現他的畦上有畦、呈「凸」字型，中間高、兩側低，這樣中間可以種比較喜歡乾燥的作物，像是地瓜、菜頭等，兩側

則是種植一般蔬菜。不過他的菜畦規劃方式是東西軸向的，作物沿著東西向種植的缺點是互相遮住陽光，陽光從東邊升起、西邊落下，除了中午之外，它們有一半的時間可能都沒有充足的日曬，也許是因爲這樣，老簡的蔬菜總是有點呈黃綠色。

動手動腳一鏟一鋤 挖出菜畦與水路

對專業的農人來說，六十坪簡直讓人嗤之以鼻，他們都是幾分幾甲地在種的，靠機械來管理照顧還算輕鬆。但對我來說，當決定要把上述的實驗因子加諸到這塊六十坪田的時候，就有點後悔了。我只能靠自己的雙手、一隻鏟子，趁土壤還沒長出植物之前、也要趁下雨之前，就把腦海中的菜畦及畦溝水路配置圖挖出來，我

自己就是設計師、施工者及監工者。挖畦溝跟砌出凸字型的菜畦必須使用不同的工具。

挖畦溝是十分重複、傷腰的土方工程，腳把鏟子踩下，再彎腰把土壤鏟起，依照我的力道，只能淺而慢的鏟，鏟起來的土，手不能搖晃、才可一路平安的送到土堆處。每一道畦溝都要挖兩到三趟，才有辦法挖出足夠的土壤。光是挖六道畦溝的工程，就花了五個工作天，平均半天挖一．五道畦溝，而這五天，每天的心境都大不同。

第一天，身體覺得還好；第二天開始，每次回到家，就十分疲累，大約十點多就累到不行了；第三天醒來之後，雖然略微感受到腰和背微微發酸，內心依舊雀躍，又要到田裡挖土運動了。我內心滿足而期待的想著：在還算寒冷的十二月中旬，可以在戶外做些流汗的勞動，但又不用被汗臭及黏答答的感覺困擾，是一件多麼多麼享受的事情！

第四天，腰已經不只是鐵腰，而是變成孔固力腰，腰似乎已經不是屬於我的，它不願意彎曲，挖土的速度降了三成。第五天早上，睜開眼睛、發現四肢已經變成鐵手鐵腿，想到還有一條畦溝還沒挖，就覺得好想哭，自己內心爭執，今天可不可以不要去？請一天假可以嗎？

但看了一下氣象局天氣預測，說隔週可能會下雨，即使是只有百分之三十的降雨機率，濕答答的土壤還是會影響到菜畦的塑型，於是咬著牙把工程完成。完成之後還沒時間慶祝，緊接著要把菜畦的頂部塑型成「凸」型，而這時工具就得換成鋤頭。豪邁的以大字型站穩在菜畦上，然後將鋤頭由外往內斜撥，就可以將外側的土壤順利帶到中間。這個方法是一位路過的工人（顯然以前曾經務農）示範給我看的，遠比我用鏟子撥來撥去有效率多了。

待菜畦與畦溝的水路規劃都完成後，剛好開始連續好幾天下雨、加上講座行程較多，我終於可以讓自己休息一下。隔週開始播種，包括冬春交接時節適合種植的胡蘿蔔、馬鈴薯、蘿蔓、萵苣等……還有不適合但想賭賭看的白蘿蔔、高麗菜、十字花科蔬菜等。

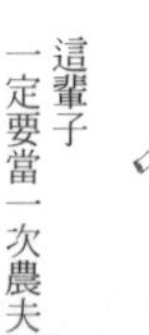

經過整理與系統化的第二菜園，果然在澆水上便利許多，我不必走來走去、拉水管，真的是輕鬆許多。唯畦溝的寬度過窄，行走時腳容易撞到菜畦的邊緣、導致局部崩塌，將來有機會改造時，勢必再加以調整了！

空心菜的花
跟牽牛花很像
只是是純白色的♥

不必棄業一樣從農，從自家方圓五公里開始

土地教我的事，除了無常之外，就是當下與放下。我沒辦法控制天候、昆蟲到訪、菜畦崩落，但可以學著轉化自己的心情、觀照內心，覺察自己對事件的反應是什麼。

記得之前參加自然農法的相關課程時，遇到幾位上班族朋友，他們雖然也都是都市人，但對務農還是十分熱愛。其中一位竹科的高級主管，一直怨嘆自己礙於工作、無法投身從農，當時我還傻傻問人家：「爲什麼不乾脆辭職就好了呢？」

「因爲我還要養家餬口呀，我有兩個小孩都還在唸國小，還有房貸呢，上面也還有長輩，每個月要定期匯生活費啊！」這位朋友是典型的按照人生公式走的所謂社會菁英，年收入兩百萬以上。如果今天要他拋棄工作，家人不諒解、也不支持他，如果毅然決然的從農，他覺得這賭注實在太大了。

若要靠從農維生，就要有「領不到月薪」的心理準備，務農是用季、甚至用年來算的，要先預支自己的時間、力氣與金錢，至於有沒有辦法拿到薪水，還要看老天的心情。要這些人拋棄這樣穩定優渥的生活，的確不太妥當、也沒有必要。若務農的目的是維生、賺錢，那是很苦的，有些人只要扮演好消費者的角色就好，這樣小農才有更多人認同與支持！

棄業從農前的熱身，半農半X

「我非常不鼓勵『棄業從農』這個趨勢，」市民農園的農友小張，主業是科學園區製造業的上班族，他甚至覺得這個口號有可能是政府的一種拓展就業率的政策，「這好像在鼓吹電子業、科學園區的從業人員大量轉職。」這有什麼不好嗎？我問。

「如果是國內的農業與電子業，你會看好哪一種？醫療業與農業，你又會看好哪一種？」小張問我，我說當然依序是醫療業（高齡化）、農業、電子業。「政府鼓吹電子業轉職投入農業，不但可以降低失業率，又可以提供借貸，鼓勵轉職者買地、買機器與相關設備，到時候若對方付不出貸款，還可以強制法拍，再讓銀行賺一手。」我本來覺得棄業從農的問題只是賭注太大，但小張的看法延伸到社會政經的策略。

的確，並不是每位轉農科技新貴都已經生計穩定，我也看到一兩位從科技新貴轉職爲農夫的朋友，掙扎了好幾年，至今還沒有穩定的收入。積蓄都拿去買地買機器了，但是存款持續減少、另一半必須繼續上班以扛起家計。而購得的土地需要淨化復原，才能施作自然農法，這段期間的耕種收成十分有限，除非抱持的心態夠正面、經濟壓力也有辦法自行消化，才能維持下去。

當然，還是有些科學園區轉職到農業的人轉職成功，他們用非常「科技」的方式，如LED、水耕、化肥來種菜，那些蔬菜一輩子沒見過陽光、根沒有紮到土壤過，也不必面對昆蟲病菌的侵襲，在最佳的光譜分析照射、全程都是人造環境中，竟也可以生長順利，而且因爲沒有蟲咬，長得十分完美，沒有噴藥，就算生吃也行。只是，這樣的蔬菜生產成本超貴、相對售價也很高，含金湯匙出生的青菜，並不是人人負擔得起。這樣的菜，我以前買過一兩次，非常乾淨、無蟲無菌，但吃了幾次之後，身體並沒有因此愛上，所以後來也沒再去買來吃。

一位台東的朋友在晚上吃了自然農法園區的野菜昭和草後，竟然反常的失眠，而我也

有類似的狀況，在菜園完全無施肥的紅蘿蔔，經過五個月之後採收，晚上吃了之後也過了好久才有辦法睡著，後來我改成中餐吃自己種的紅蘿蔔，雖然它們細細小小的，但是充滿能量，在土壤與陽光下培育的作物，相較於按照公式培育出來的人造作物，生命力旺盛得多，身體是可以感覺得到的。

與其毅然棄業，倒不如給自己兩三年的時間，繼續做自己已經拿手的工作、繼續上班，並在生活中添加「農」的元素，上班前後、或者週末撥些時間耕種。藉由這段期間所遭遇到的喜與苦來評估，自己是否眞的可以勝任？如果可以，再全力以赴。如果不行，當個兼差農夫更棒。「最重要的是，你有體驗過了，才有辦法體會農民的辛苦。對於自然栽培的小農來說，你會更佩服他們、更支持他們，這樣，小農才有辦法繼續生存啊。」小張說。若務農的目的是分享生活、維繫健康、體驗大地與萬物生命，那眞的不必全職去體驗。

從去年到現在快滿一年了，從依依不捨、到不想去、再到期待去……從不顧正中午埋頭苦幹、大雨滂沱在雨中開挖排水溝、被奇怪的昆蟲驚嚇、汗水淋漓與黏涕涕的衣服、春風吹又生的鬼針草，到種出農友稱羨的馬鈴薯、原本不敢吃變成愛吃的紅蘿蔔、被強迫換地重種等……在這塊地所發生的任何事情，都持續反映著我的情緒，包括感動、恨、生氣、輕鬆、發洩壓力等；情緒好像曲線圖那樣有上有下，不停輪迴。從一開始的超級熱血、漸漸轉爲平常心，不再與大太陽硬碰硬。夏天，我很樂意加入農友的休耕計畫（一個人休耕是懶惰、一群人休耕就可以理直氣壯啦），菜園改種植不需每天照顧的長期作物：地瓜、秋葵、洛神、花生等，而家裡的 Window Farm 則種植比較嬌嫩需要照顧的短期蔬菜。

我很慶幸自己沒有先買地，而是租地。如果我先借錢買地，結果被蓬勃的土地生命力給嚇到、無力也沒錢好好經營管理千百坪土地，那不就欲哭無淚了？還有，「買地」這樣的想法也有個盲點，似乎很少人去質疑，退休之後要到「鄉下買地蓋房子」，是否怪怪的？以前我對這件事沒什麼特別看法，但現在會覺得這樣非常以「人」爲中心，鄉間的山林田野裡，動植物原本在其中活得好好的，只因爲人類金錢交易後，就可以被理所當然的「整理」，並不合理。如果有朋友有土地不知如何規劃，我都建議他們先去學習自然農法，再決定要如何開始。要不然，人類還是乖乖待在已經被開發的都市或城鎮就好了。

土地教會我的事：人生無常、活在當下、隨時放下

若是眞的有心要體驗農事，建議從方圓五公里左右開始找起，原因是這樣的距離在騎車、開車都還算近，十公里內的車程，比較容易照顧。若超過十公里，往往就容易減低前往的熱情、降低前往的頻率。另外也可以直接詢問在地農會或相關機構，是否有設立公立或私立的市民農園，一年的租金通常不會超過五千元。

從生命觀點來說，耕種也有助於我們用順應天地的正面角度來看待生死。有時在菜園裡面，看到作物一瞑大一吋、或者被蟲吃等種種情形時，腦海裡還會冒出背景音樂，是一位基督徒朋友喜歡用吉他唱的：

凡事都有定期，天下萬物都有定時。
生有時，死有時；栽種有時，採收也有時；
殺戮有時，醫治有時；拆毀有時，建造有時。
……都歸一處，都是出於塵土，也都歸於塵土。

我想，土地教我的事，除了無常之外，就是當下與放下吧。我沒辦法控制天候、昆蟲的到訪、菜畦偶爾的崩落、快要收成的旱稻突然被強風吹斷，但我可以學著轉化自己的心情、觀照內心，覺察自己對事件的反應是什麼。比如自己對於鬼針草的狂放從一開始的善待、到討厭、到生氣，到學會輕鬆面對、甚至在修剪時還可以輕鬆哼歌；又像是拔起紅蘿蔔時發現被啃了一半時，不再生起負面情緒，作物被啃了，不代表它浪費掉，它只是被貢獻給人類以外的生物而已。

事實上我們平常生活中總會遇到人事衝突、他人的言語刺激、環境的汙染等，雖然無法直接改善這些現象，但若停止憤怒，轉而思考自己要怎麼解決或貢獻一己之力，世界也許會有機會慢慢變好。

著名演員奧黛莉赫本在她人生的後三十年，都專注在園藝種植上。她過世後，輿論才傳出她有情緒上的問題，但並沒有藉由藥物控制，而是藉由投身於園藝。在陽光下勞動，有助於幫助大腦分泌血清素（serotonin，又被稱爲是身體的幸福因子以及腦內啡），它們可以調節情緒、讓人變得平靜與正面，通常可藉由運動、冥想來自發性產造。難怪奧黛莉赫本會說：To plant a garden is to believe in tomorrow。

也許正是因爲她發現了種植爲她的生活帶來曙光吧！因此，租一塊菜園來試試看，也許得到的收穫將不是只有作物，而是租金所無法衡量的心靈禮物！

到農家住一晚

Amrita 農莊

在台東自然營造出多層次的食物森林

- 農莊主人：阿貴
- 農莊地點：台東鹿野
- 主要作物：自然農法鳳梨、柑桔類、其他
- 農事幫忙：可
- 最需人手幫忙時段：六至八月、十二至一月
- 志工可否帶小孩：不可（安全考量）
- 可否打工換宿：可，客房最多容納四人
- 可否純參觀：可，但需在非農忙時段
- 可否純參觀兼寄宿：可，有住宿費，不含餐
- 可否預購農產品：可先留下名單及預購數量，因季節及產量因素，不一定可以預購得到，待確認有產品時再匯款。
- 聯絡信箱：amrita@hotmail.com

-396701

趁專案受聘到台東當顧問的時候，也去兩家農家幫忙。會以幫忙的方式取代純採訪，是深刻感受到農家一年四季幾乎都很忙碌，要求對方要在農忙之餘呆坐在桌子一方、然後只是口述的分享，倒不如親身體驗，並且累積自己的實務知識。

一家是阿貴經營的 Amrita 農莊、另外一家則是下一篇會介紹的夏耘自然生活農莊，他們歡迎對農事有熱情的志工、在固定時段到農場幫忙。

阿貴是我的樸門同學，一同參加大地旅人開設、澳洲 Robin Francis 老師教授的樸門自然農法課程。當時對阿貴最深的印象是，他雖然是台北長大的小孩，但說話卻有讓人感到親切的鄉土腔。

因爲「園區工程師到鄉下種田」的梗，讓不少媒體曾經要求採訪阿貴，但他都婉拒，因爲他不想被用「故事」包裝。

「故事！我們都市人就是愛聽故事！」阿貴的鳳梨名聲尚未拓展開來，都市朋友熱心幫他想辦法，告訴他台北人就是愛聽故事，只要想一個故事把產品包裝起來，不管產品好不好、是不是眞如故事所說那樣，大家就會「慕故事之名而買」。

但阿貴還是選擇讓產品自己說話，這次是因爲我倆曾經是同學，也感謝阿貴對我的信任，我得以有機會記錄下他前半段的人生歷程與生活觀。

阿貴種鳳梨的山坡地，是在離龍田國小約十分鐘車程的桃源村山坡上，沿途小路顛簸、坡度有的挺陡峭，中途就有兩個髮夾彎、要倒車一兩次才能繼續前行。要來農事體驗的志工，通常都是搭阿貴的貨車一起上山。

路上，阿貴邊開車邊講述他埋藏心裡、卻關鍵的影響他生命歷程的幾個事件。

救苦救難是菩薩 受苦受難是大菩薩

「研究所的時候，我因爲失戀、難過到想要自殺。」重感情的阿貴說，「每晚都在床上不停的流著眼淚，只能靠著喝酒來讓自己入睡。一次我望著窗外、難過至極起了輕生的念頭，但在關鍵之際，一絲理性出現：根據研究顯示，六樓的高度跳下去，不一定會死亡、卻容易造成癱瘓及重傷，這樣反而會拖累到家人、自己苟延慘喘活得更痛苦，所以就打消念頭繼續喝著苦悶的酒讓自己入睡。」

隔天，阿貴發現宿舍外面來了許多警察，有的做筆錄有的拍照、是發生什麼事?走近一看，原來，地上有一具已經蓋了白布的屍體!

「當時很震撼!如果昨天我跳下去的話，現在躺在這裡的就是我了!」一問之下，這位學長也是感情因素而自殺。同一個晚上，一個過了情關、一個過不了。阿貴突然覺得生命好脆弱，「無常一直示現說法，而我們老是只專注在自己的身上，用記憶修理自己，沒有去關懷我們的周遭。從那天開始，我決定要爲他及自己重生、好好過日子，決定停止自憐，每天都要過得充實而正面!」

飯糰太好吃!找米找到延平來

不久後他與妻子純菁相識交往，一日，純菁偶然吃到一顆糯米飯糰，驚覺飯糰中的米粒口感Q彈、粒粒分明，是她這輩子吃過最好吃的糯米。他們追問賣飯糰的店家、進而追溯前往延平的某農場，「這是一間有機農場，雖然只是在農場待了五天，卻讓我視野大開，農場主人對植物及土地的想法，是我以前從沒有想過的。」

阿貴回到台北後，一直惦記著台東的山與海，還有那裡一群默默在爲台灣付出的人，而他從來沒有認眞想過自己的生命可以如何幫助這個世界。每個階段都是順順的走、不假思考，而那次的五天假期他看到原來人生的路還有其他的選擇，他鼓起勇氣打了一通電話給農場，詢問有沒有缺農夫？沒談薪水沒談福利，只是單純的去學習去幫忙。於是，開啓了他在這家農場十個月的打工生活。

台東定居 在鹿野買地

之後，阿貴因緣聚合來台東、也因爲緣散而離開台東，決定暫時回台北、從事他熱愛的電磁波工作，但他清楚知道有一天會回來，在台北工作六年下來，他存了一些錢。「這六年雖然在科技業上班，但我仍心繫台東，還是持續默默的充實農業知識，偶爾打聽是否有有緣的土地出現。」

二〇〇七年，透過朋友介紹，買到一塊負擔得起的山坡地，整地時，阿貴希望盡量減低對原本居住在此的昆蟲鳥獸的傷害。

台東的太陽一大早就赤炎炎

我第一天抵達時已接近傍晚，那天沒什麼風，蚊子開始上班，我穿短袖且又是陌生人，手臂與臉頰立刻被成群的蚊子包圍叮咬，這三四年來的訓練，我的體質已經不這麼怕蚊蟲叮咬，嬌嫩時代蚊子叮要腫兩三天，現在下午叮晚上就消，但還是不習慣蚊子在旁邊的振翅聲，而且又下起小雨，於是催著阿貴帶我下山，明天則看能不能幫上什麼忙，「我得想一下能讓妳做什麼，安全第一。」意思是說，也許不必在又刺又刮的鳳梨田裡面冒險行走囉？內心竊喜的同時、覺得阿貴眞是太貼心了！

「那麼，我們明天約八點半嗎？」八點半到，我七點半就要起床、整理行李然後八點從關山鎮出發，那是我自己知道的起床時間的極限。「而且，太早起來不是很暗嗎，應該也不方便上山吧？」我自以爲是的想著。

「八點半可能會太熱喔！」阿貴說。

「好，那八點！」人家只要一激我就熱血起來。

隔天，經過多方的掙扎與努力睜開了雙眼，七點半？奇怪，爲什麼透過窗簾細縫照到我腳背的陽光、會這麼熱又這麼亮呢？八點走出門外，天氣怎麼這麼熱？

我很快就想起這裡是台東，沒有中央山脈擋住，躍出太平洋海面的陽光在第一時間就「照過來」了！造成八點的台東就跟十點的台中一樣熱，「我終於理解爲什麼你說八點半太熱了！」帶著浮腫的臉和亂翹的頭髮，我帶著遲到的歉意對阿貴說。

還好今天是週日，阿貴說週末他通常都是抱著輕鬆的心情到果園走走晃晃而已，並沒有訂定什麼任務。

任務：解救快被勒斃的梅樹

「等會妳就把覆蓋在這棵樹的藤蔓清理一下吧！」阿貴指著一株比我高兩倍、但從頭到腳都被藤蔓覆蓋、奄奄一息的小喬木，「這棵梅子樹快被這些藤給悶壞了。」

阿貴借我一副農用腰帶，上面有卡槽可以放三樣刀具，他選擇了鋸子、剪刀跟肥胖版的鐮刀，「鋸子很長但有刀套，掛在腰的右邊。」阿貴很清楚的解釋，「剪刀很短但把柄處可扣起確保安全，掛在腰的左邊，但是這鐮刀沒有刀套、很危險，要掛在腰的正背面，若太側邊很容易被割傷喔！」

阿貴分派給我的工作，正好可以避開烈日。但是望著這棵樹，我的恐懼油然上升，腦海裡開始幻想螞蟻、蟲或任何噁心的異物，會在我清理藤蔓時突然落下、彈出或噴汁，我用力搖頭、把這些幻覺搖掉，告訴自己，裝備齊全，有帽子及頸部保護，還穿了袖套與長褲。

這棵樹被兩種藤蔓纏身，經阿貴解釋，

得知一個是粗莖大葉的台灣葛藤、一個是細莖羽葉、疑似蔓性蕨類的海金莎。大葉的葛藤包覆著樹冠與樹幹，「樹頂上的就不用理它，只要清除清得到的就好。」

我先輕輕拉扯海金莎，測試會不會有凶悍的昆蟲從樹裡面衝出來，近看樹冠下的空間，除了幾隻黑色大螞蟻在覓食外，還算乾淨。海金莎很好清理，繞量不高、都還在較低的枝幹，我只要間隔剪好幾段，就輕易的將它抽除。

接下來就是要拆解幾乎勒斃梅樹的葛藤，我先從梅樹分支的地方著手，每扳開一段，就可以看到很深的勒痕，看樣子，這梅樹在成長的階段，恐怕就已經開始被葛藤攀附了，眞是可憐。

誤殺無辜方知敵己

我想讓這梅樹永遠擺脫葛藤，開始在梅樹周圍尋找葛藤竄出地面的莖，並開始砍去梅樹方圓二公尺內的木質莖，每次砍掉拉除時，卻發現這些都不是葛藤的源頭，我不斷誤除其他沒傷害梅樹的植物，最後，已經將梅樹周邊都淨空了，葛藤依舊沒有被我拉扯下來。

「它一定會有一處著力點啊！怎麼會騰空生長這麼茂密呢？」我滿頭大汗、充滿問號，跟阿貴請教。

「觀察，然後尋找。」他說。

他從樹冠上找到葛藤最粗的莖，順勢沿著梅樹樹幹往下尋找，沒想到，葛藤的源頭竟然夾在梅樹主幹之內！「可能是葛藤在梅樹還小株時，就寄生在樹幹細縫中與梅樹共同成長吧！」找到源頭後，葛藤的根一扯就起來了，梅樹得到了救贖。

那刻，我覺得自己有時候就像這棵梅樹，以爲讓自己不開心都是別人的責任，開始對和自己最親近的人發脾氣，直到他們都離我遠去後（被我的無知誤殺），我仍舊不快樂，這才發現，不快樂其實是我自己的問題、我允許它種在我心裡，唯有往內覺察才有辦法看到自己的火氣，這火氣，如果能像根除葛藤這般容易就好了。

除草偈

種植鳳梨初期，阿貴用有機牛糞來施肥，但他計畫分區慢慢減低有機肥的施用，「我最終深信『善念』還是最好的肥料，期勉自己有一天也可以不施有形的肥，而是用那滿滿的愛與善念來灌溉。」

其實這份善念，從我們剛除草時就已經抱持在阿貴心中。

在除草整理之前，我注意到阿貴會先告知該區域裡的生物。他的方式是默唸《除草偈》，應算是佛教偈子，我沒特別信教，對此感到十分好奇。

土地設計：終極目標是創造食物森林

整片農莊總面積約一甲二分、座北朝南，阿貴依照坡度及坡面開出三條小徑，區分出四個區域，坡面較緩且朝南、可以接受到較長的日照時間、且便於採收的區域，於是阿貴就規劃來種鳳梨。

「妳可以用妳的方式來知會這些生物，請他們暫避危險，也讓妳要修整的植物知道，妳沒有惡意要傷害它。」阿貴不會強迫不同宗教或沒有信教的志工要照做，我沒特別信教，但基於實地體驗，我決定跟著唸。

我今除草除惡業，一切眾生悉迴護，
若於鋤下喪其形，願汝即時生淨土。
嗡，伊地哩尼，娑哈。

「我會這樣做，主要是受到VuVu的影響。」阿貴指的是好友排灣族蔡大哥已故的阿嬤，她把阿貴當成自己孫子一樣疼愛。「VuVu採摘給我吃的水果，是全世界最好吃的！她每次下田前、收工後，都會對著大地感恩祝福，她虔誠的念著祈禱文，感謝上帝、感謝土地、感謝果園裡面的萬物，然後讚美果樹、果實。」至今，阿貴對VuVu種出來的作物仍念念不忘，「VuVu種出來的東西很多是她自己無法咬得動的，但她仍每天下田，無私的奉獻與耕耘。她的作物有著那般幸福滋味，喚醒我很多很多的覺受。」

在農場打工的時期，儘管VuVu只講日語跟排灣族語，阿貴都聽不懂，但兩人各自在田裡一角忙，休息時就比手劃腳聊天。

充滿感性、對土地感恩至極的VuVu，深刻影響著阿貴，即使信仰的是不同宗教、以不同的方式儀式，但最終目的都是對自然的一份尊敬。

鳳梨隱身在草叢之中

不過啊，要不是阿貴特別指說這裡種鳳梨，我還以為這裡是尚未整理的區域呢，仔細一看，才發現一株株的鳳梨健康安穩

的隱身在草叢裡，茂密的草叢種類非常多，除了鬼針草之外，還可以看到腎蕨、紫花藿香薊、紫花長穗木、酢醬草等，每種不同的野草都可以幫忙固定土壤裡各種分子，讓鳳梨可以借此吸收到多種微量元素，這是無法用化學肥料配出來的。

「我希望最終目標是創造出多層次的食物森林，高中低的作物都可以提供不同季節時期的食用、增加自給自足率的比例。」

不過，阿貴也不會一直放任野草生長過度，要不然這些野草早就幾乎跟人一樣高了，「我依照不同季節與現地狀況來除草，用牛筋繩除草機割下雜草到接近地面的高度，這樣不致於讓雜草死亡，但可以緩衝它們的生長勢。」

期許生物多樣性 藉天敵抑制天牛數量

至於無法完整向陽的區域，目前則以種果樹居多，因爲坡度太傾斜，阿貴通常不會帶志工來到這區幫忙，自己也只是偶爾才去整理，結果離小徑最遠的地方，開始有外來種小花蔓澤蘭的入侵，若任憑繁衍，很快的果樹們就會被覆蓋窒息而死。

「該把小花蔓澤蘭清一清了……」阿貴說，「還要擔心星天牛在果樹莖部下蛋，幼蟲孵化後會吃果皮，很容易造成環狀剝皮，之前因此死了好多檸檬跟柑橘。」阿貴因爲宗教的關係，不能隨意殺生，目前只能眼睜睜的看著果樹死去。但他謹慎覺察自己不要過度擔憂。這裡土地的另一特色，就是大幅度保留基地原有的野樹雜木、而且他也持續栽種許多新的樹苗，適者生存，他期許土地裡的生物多樣性繼續增加，吸引更多的寄生蜂、蜥蜴及鳥類等天敵來抑制天牛的數量，也許就可以提昇果樹的存活率。

被土地改變的都市人 歡迎志工來體驗

畢業後在農場的打工經驗，讓曾經身爲都市人的阿貴日後樂意接待志工，都市人來鄉下美其名打工換宿，其實農家主人也要費心思教他們怎麼做、並隨時留意志工的安全。

「我接待過一位最年輕的志工是一位十五歲的國中生，在母親的安排下，他第一次一個人坐火車、第一次來到台東，我帶著他去農場、去災區幫忙，」除農務之外，阿貴也花許多時間在義工活動，諸如緊急救援、兒童營等，正巧小男生來訪時遇到八八風災，阿貴就帶他一起去。「他回去之後，爸媽來電直呼不可思議，兒子原本只喜歡窩在家，現在則開始會關注動漫以外的議題。」

能夠藉由務農、志工等方式，讓年輕人多些未來的選項與觀點，對阿貴而言，這樣就足夠了。

目前，購買阿貴鳳梨及相關副產品都是透過口碑相傳、老客戶回購，但受限於山坡地的耕地面積、以及無農藥的堅持，鳳梨的收成有限，還是要由老婆純菁上班來保持收入穩定，隨著第二個孩子的到來，爲了減低經濟壓力，他們計畫把龍田國小附近的第二間房子規劃成簡易民宿，並再多花時間照顧另外一塊原本閒置的自有農地，「我的理想之一是成立具有教育功能的自然農法生態示範園區，但是在這之前，還是先讓自己的務農收入增加一些、並趨穩定，達到一定程度的財務自由。」

喝著阿貴釀造的爽口鳳梨酵素，聆聽著他的近期計畫，只要像這杯鳳梨酵素一樣、毋忘初衷，未來的夢想一定可以實踐的！

夏耘自然生活農莊

- 農莊主人：林義隆
- 農莊地點：台東鹿野
- 主要作物：秀明自然農法鳳梨、楊桃（相關加工品）、其它作物
- 農事幫忙：可（須預約確認，來之前有一些基本功課）
- 最需人手幫忙時段：七月、九月至十月、十二至一月
- 志工可否帶小孩：六年級以上（心甘情願來者）
- 可否打工換宿：可，志工房最多容納三人（須預約確認）
- 可否參觀：可（須預約確認）
- 可否純住宿：不可
- 可否預購農產品：可先留下名單及預購數量，因季節及產量因素，不一定可以預購得到，待確認有產品時再聯絡匯款或貨到付款
- 聯絡信箱：barkely.lin@msa.hinet.net
- 部落格：summer-farmer.blogspot.tw

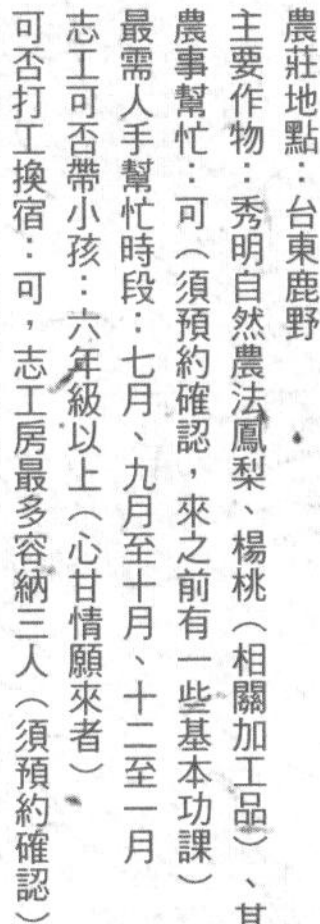

離 Amrita 農莊約十五分鐘的路程，就是義隆位於鹿野鄉的夏耘自然生活農莊。

夏耘自然生活農莊實施志工制度已經行之有年，我按照夏耘部落格上的申請程序、並用網路暱稱 Aling 申請，很快就收到「志工注意事項」及「交通指引」，由於得知義隆這幾年來不隨意接受採訪，故我決定抱著單純體驗、農務幫忙及換宿的輕鬆心情前往。

夏耘自然生活農莊的交通動線很有趣，從馬路轉到略微顛簸的石子路，得先經過第一棟三合院的埕、第二棟鐵皮屋，才會來到義隆的家。

碰面小聊之後，義隆看著我這張大眾臉，狐疑的問了我的全名後，從書架中掏出《蓋綠色的房子》、並指著他們家屋頂的雙層屋頂，「這是林志堅老師設計的！」難怪，我心想，這房子會這麼面善。

透過《蓋綠色的房子》的暖場、以及義隆覺得我自己也租地耕作、上過自然農法的相關課程，我有榮幸記錄義隆夫妻倆從都市行業轉職爲秀明自然農法農夫後，這幾年慢慢捉摸出來的農務及經營模式。

這八年來，義隆從都市人改行當農夫，絕不是表面上大眾以爲的「瀟灑」、「圓夢」等形容詞就可以做結論。要以農維生、而且是不施肥無農藥的秀明自然農法，他還必須會「算計」、行銷及規劃農事，這概念是我從未聽聞其他農友提過的。

夏耘自然農莊是承接之前契作多年的有機楊桃園，裡面種有二百多棵楊桃樹。之前有機肥下得重，義隆接手無農藥無肥料的方式繼續照顧這些楊桃樹，初期的楊桃採收約有數千斤的產量，但之後楊桃樹們面臨無現成肥料可吃、需要調整生長的轉型期，加上第二年大乾旱，年收不到一千斤，接著在第三至六年，年收都在二千斤上下，還不到之前的一半。直到今年第七

年，在我打工換宿的一個星期後，楊桃樹好像剛甦醒的睡美人，開始大量結果、而且還沒有被果蠅叮，義隆預估可以達到這幾年幾倍的產量。

若要維持家庭基本開銷 楊桃鳳梨要收幾斤

義隆提到，若扣掉旺季雇請幫忙的工人、以及一些包裝上的成本，一個農夫月收入最好能到三萬以上，才能夠給一家四口簡單樸素的生活，他們必須審慎思考自己要種多少才能夠達到基本的生活水準。

義隆種的自然農法的楊桃一斤八十元，這五年來二百多棵楊桃的總產量約為二千斤、也就是平均每棵產量不到十斤（六公斤）。義隆說，這樣的產量會讓用農藥肥料的慣行農夫笑掉大牙，「正常」楊桃樹一棵的產量約二四〇斤（六十公斤）。

楊桃的全年收成最少需達六千斤，扣掉成本後，才能勉強算收入正常，「一棵樹要多少面積？就可以推估出需要多少坪的地？然後就可計算出要花多少錢買地。」不過，就算擁有更多的土地，還要等到楊桃樹苗長大之後才能達到這樣的預期量。

義隆前兩年單靠楊桃全年收成僅二千斤，根本不夠全家長期過生活，「總不能一直吃老本吧？」義隆當時想，更何況老本快吃完了，購買土地、蓋資材室，加上剛搬來時的開銷仍掌握不好，還有一點都市人的消費習性，後來開始調整生活模式，孩子們很明顯感受到爸媽由奢入儉的生活轉變。

雖然兩個孩子都很懂事、可以理解家庭的財務變化，但還是難免擔心的問到「我們是不是變窮了？」。

經營農場的第二年，他們決定要加種鳳梨、增加收入，但不再有多餘的財力購置新的土地。恰好某位來自台北的女士在夏耘自然生活農莊對面馬路買了六分地，透過義隆朋友介紹，她無償供義隆用秀明自然農法栽種作物，第一年從玉米黃豆開始嘗試，但因無法控制野草而失敗；第二年起改種這地區很適合的金鑽鳳梨。

義隆販售的秀明自然農法金鑽鳳梨一斤四十五元，這三年來產量都持續增加，今年可望達到近萬斤。加上楊桃園今年漸入佳境，若順利的話預期可以有幾千斤的產量，如此一來，經濟壓力可望減低，生活開銷與孩子的大學學費可以不再是沈重的負擔。「其實當農夫也要用到經營管理、收支平衡的概念，如果要永續以秀明自然農法來耕種，就要努力把自己及家庭也照顧好！」

順勢而為不代表什麼都不做

我在還沒來夏耘自然生活農莊時，其實有點害怕，畢竟是走「自然農法」路線，根據以往的經驗，很可能要在高度及胸的雜草叢中穿梭。

很幸運的，在拜訪前幾週，楊桃園跟鳳梨園都才剛除完草，一般而言，義隆會控制雜草高度在大腿以下。

看來秀明自然農法並不是讓土地朝完全野放的程度發展，而是將人爲干預降到最低，同時也盡量用基地現有的草木落葉做覆蓋物，當做土地自給自足的來源。

在夏耘自然生活農莊幫忙的時間，嚴格說起來大概只有半天，因爲有一半的時間都在下雨，義隆夫婦只好跟我聊天（讓我有賺到的感覺）。

第一天吃過中飯後，雖然有風雨欲來之勢，從農夫的角度來看，卻是播種的好時機。搬到義隆家對面的新移民王大哥，將租來的一．五分地供義隆使用，因為之前這塊地是實施慣行農法，義隆帶我去播種薏仁、南瓜、玉米等短期作物，好幫土地排毒。

首先，得先開水路（當時我不覺得這很重要，之後我在自租田實驗後才發現這方法很適合懶人），就是用鋤頭鑿出有系統的土溝，將來不論是下雨排水、或者澆水，都有助於作物主根系與潮氣能「乾濕分離」，避免主根系泡在水裡太久而爛掉。

學會使用鋤頭

我之前短暫借農友鋤頭來挖土溝一次，就對它產生怨懟、不再使用，我認為鋤頭是既沒效率且讓我腰酸背痛的工具。

土地設計：鳳梨分區輪作，每一區需輪流支撐固定收入

也許是基地本身的條件不錯，日照排水都達到鳳梨的基本生存需求，加上義隆採取秀明自然農法的方式管理，從第一次種鳳梨開始，就有穩定且不錯的產量。他循序漸進的增種，首先將鳳梨分為三區，分別是第一收、老欉、跟新種區。「今年七月開始採收金鑽鳳梨，一區是植株很大的第一收，另一區是已留到第三次收成的老欉。兩區合計三分地（近九百坪），與過去兩年採收面積並無不同，但產量又提高了，原因是第一收的果實都變重了。」金鑽鳳梨很可能在今年邁向近萬斤的產量，若產量超過夫妻倆採收體力，又要另聘工人幫忙，這樣成本利潤又會再度失衡，「未來希望不要超過今年近萬斤數量，夠就好，再多、只是找更多幫手；生活很重要，不需為賺取超過需要的收入而犧牲生活、累垮自己。」

仔細觀察義隆拿鋤頭，覺得他好像在拿毛筆揮毫一般，沒三兩下就挖出九宮格狀土溝，這才發現原來我錯怪鋤頭了！鋤頭下挖時要往後拉，每挖好一步、就向後退一步，我最大的錯誤就是向前，因爲向前的時候，鋤頭末端的施力點沒了，就覺得很難使用。這時腦海裡面冒出我的農法班老師詹武龍嚴肅的表情：「老師上課有講，有沒有認眞聽啊！？」

「鋤頭桑！對不起！我錯怪你了！原來是我自己蠢。」自我責備之際，義隆分派我去砍一些基地邊緣的桂竹回來，用來做南瓜播種的標記，以防在它們冒芽之前被誤踩。「總共需要三十六段、及膝高。」略估了一下菜畦長度，每隔兩步半播種南瓜種子三顆的話，我們總共需要播種三十六個點，故需三十六段竹子當標記，不能太細，以免容易傾倒或被忽視。

我先找到粗度約直徑三公分的竹子，把竹子的末端壓下來拉住，這樣才能水平的鋸下竹子的腰。越接近末端越細越有彈力、反而越難鋸，一根竹子大概可以鋸成三到四節，這樣表示我得鋸十到十二根竹子，而且竹子Q彈有勁的分枝要修，因爲沒有支點，這是鋸子無法鋸掉的，我只好使用蠻力拔除，這時心想如果身邊有支修枝剪就好，但修枝剪很貴，最基本款的也要兩百多元，是我一直遲遲買不下手的工具之一。

大概忙了半小時吧，眼看烏雲密佈、雨珠開始落下，我終於備齊三十六段竹子，而義隆也將水路開闢得差不多了，我們在風雨交加下開始幫南瓜播種，他每淺鑿出一個凹洞、我就放入三顆南瓜種籽，種籽

是義隆太太早上才從南瓜肚子裡面取出的，種籽排成三角狀以防堆疊，然後他用腳填平凹洞，我再插入竹子當標記。風大到農夫帽（竹葉做的那種）一直外翻，這只能怪我自己，天生頭殼又扁又方，安全帽戴頭上永遠會前後搖擺，小時候還被理髮店的阿姨笑說：「阿妹仔妳的頭殼是被卡車輾過喔？」這樣的冷言冷語小時候聽起來很受傷，長大之後倒是很坦然接受，看完愛因斯坦的大腦解剖報告後，還自我安慰：頭殼扁，大腦的皺摺就會跟愛因斯坦一樣多，這樣就會很聰明。

總之，我放棄調整農夫帽，強風下任由繫繩掐緊脖子、帽子在腦後狂甩，我們合作無間的將種子播種完成。再以落湯雞之姿，優雅沉穩的漫步回到農莊，畢竟，沒有人規定下雨就要狂奔躲雨啊。

總是在關鍵時刻有貴人相助

雖然這幾年來歷經了楊桃產量初期不足的危機，義隆還是堅持要使用秀明自然農法，因爲他曾親眼看過作物本身的強大力量。

他見過最明顯的對比，是在一個專門經營茶園的村落。「有噴藥跟肥料的慣行茶園、跟無農藥的有機茶園之間，僅隔一條三公尺的產業道路，但是慣行農法茶園的茶樹卻一整片都是病蟲害，沒有人爲噴藥的有機茶園，卻絲毫沒有被影響，每株都很強健，葉子色澤呈現自然的綠。」，可見作物不一定要噴藥，只要給它們時間，就能夠靠自己的能力抵禦病蟲害。

不論是茶園或是楊桃園，要從備受人類照顧寵愛的慣行或有機農園轉型成秀明自然農法農園，必定會經過一段「掙扎期」，但是，要對自己有信心、對土地有信心，義隆說，「七年前剛轉職農夫接手楊桃園時，日本前輩總說，一個果園要排掉過去土壤裡的肥毒要至少五年，五年後果樹就會漸漸適應無農藥無肥料栽培的秀明自然農法。」

不知道是否是堅持著走友善土地的路，而感動了一群又一群的網友及朋友。一路走來，總是在某些時刻有貴人相助，需要土地種植金鑽鳳梨時，就有陌生的網路讀者願意購買土地、無償且無限期提供義隆使用。擔憂土地周遭的慣行農法會影響到耕地時，也有新鄰居把耕地周圍的土地再買或租下來，並加入秀明自然農法的行列。而每季的作物也在眾多朋友的協力轉寄之下，還沒採收，就預訂一空。

其實這樣的例子不勝枚舉，當一個人不計代價的去完成自己的夢想時，熱情感動到其他人，就會有人出錢出力。所以我還是覺得，如果一個人眞的有很強烈的夢想要去達成，就不要猶豫，做就是了，整個宇宙都會來幫助你，時機自然會被創造出來、資源也自然會產生。

另外，也不要輕忽現在你在公司學到的任何技巧與know how。義隆在科學園區擔任主管多年，流程、規劃、計算成本的工作態度轉移到農業上，也十分管用。現在還在海海園區浮載浮沈的小科科們，千萬不要自暴自棄，好好的吸收公司的運作精華，園區教的方法，將來多少會有助於轉職。

拜訪義隆夫婦之後一個月，當時幫忙套袋的楊桃都成熟了，因爲產量很有限，我也用候補的方式訂了兩箱，很幸運的這次產量夠多，我和家人收到了來自台東的秀明自然農法楊桃，我一直跟家人強調並炫耀「這個我也有幫忙套袋喔！」媽媽覺得楊桃的口感，很像小時候的楊桃口味，酸中帶微甜，與現在的超甜楊桃不同。然後開始回憶，講述小時候路邊的楊桃，因爲低的地方都被人摘光，她跟舅舅們如何用疊羅漢的方式去摘高處的楊桃，連外婆都開始回憶媽媽跟舅舅小時候的糗事，大家光是回憶就很開心，那個片刻，我好想就此凝結。我內心浮現台東的楊桃樹、義隆夫婦那清平又務實的生活風格。

義隆不太接受媒體採訪的原因，在於採訪單位習慣拿他之前是竹科協理跟現在是農夫做比較，「但，這已經是七年前的事

了，總不能一直在吹捧這件事吧，這就好像一個歌手一輩子只唱紅一首歌，於是接下來的大半輩子他只能重複唱這首歌。」他反倒認為這七年來，使用秀明自然農法、以及全家人在生活上的轉變，反而更是精采、出乎意料的充實！

藏機閣安居樂活村

- 農場主人：全體村民
- 農場地點：南投埔里
- 主要作物或加工品：梅精、當季作物
- 可否參觀：可（須收清潔費並預約）
- 可否住宿：可，有住宿費，餐費另計
- 可否預購農產品：可先留下名單及預購數量，因季節及產量因素，不一定可以預購得到，待確認有產品時再聯絡
- 網站：www.lovelohas.com.tw

左頁：小徑入口的兩側是五葉松林，行走其中可以感受到清新的空氣。

一處讓人樂在生活的桃源村

藏機閣安居樂活村，位於南投埔里成功里，是由好幾個家庭組成的，這群居住者以平靜但熱情的方式去體驗實踐自己屬意的生活，並且有一半以上的食材（蔬菜、水果、蛋）都是自己種植、自行製作，他們勞動且身體力行，讓身心達到平衡。遊走在村裡，整個環境場域充滿自在的能量，就是一處讓我會想和家人一去再去的地方。

把土地的還給土地 回歸自然的生活方式

二十多年前，當時台灣還處於非常繁榮富裕的年代，董小姐與先生早已遍遊世界各地，享盡各種榮華與美食，就如同一些富人，他們最終還是發現，再怎麼頂級奢華、再怎麼飽足口腹之慾，遲早會看破紅塵、到了某個程度就沒有新鮮感了。

他們決定帶孩子回歸山林，尋找可以定居、修身養性之處。他們找到了現在的地點，買下了三甲多的地，「當時這裡還是一整片原始森林，爲了方便維護管理、並把環境的破壞降到最低，我們思考過、不要砍伐太多樹木，只開闢我們居住、種植及養殖的地方。」他們居住活動的地方，必須建造房舍跟舖設地板，大概約一百坪左右，其餘除了道路之外，就盡量少用到水泥跟柏油，主要用來種植、堆肥、養殖等。

「藏機閣安居樂活村的土地利用，一直遵循共生共榮的方向，人其實可以過得簡單，需要利用的土地也不需多，我們將許多土地還給自然，讓土地上所有的生物一起生活，所以在藏機閣安居樂活村陸續種植了原生的馬兜鈴，山豬肉，青剛櫟，魚

木，春不老等蜜源食草植物，讓野蜂、蝴蝶、小鳥可以與我們共同生活，目前已連續兩年徵選爲蝴蝶棲地的營造點。」

雖然開墾的面積不大，但多坡度的崎嶇地形，使得區域各自成一格，低窪處順勢規劃成生態水池，養鴨與鵝。有樹蔭遮蔽的區域養雞，可以減少老鷹抓到小雞的機率。

轉型農村生活住宿體驗 分享簡單生活的真義

建湘一家人約於十年前開始也加入藏機閣安居樂活村，他與太太鳳娥幫忙種植及維護這裡的大小雜事。生活在這裡的家庭都沒有親戚關係，相互照應、互動融洽自然，不熟識者還以爲這是一個大家庭。

幾年前，董小姐的先生過世，「村民們」共同討論過後，決定將藏機閣安居樂活村的簡單生活分享給有緣大眾，所以開始經營養生蔬食餐廳、民宿、窯烤麵包體驗、農村生活體驗、夜間賞蛙夏季賞螢等各樣的活動。「最初我們僅接待認識的朋友，轉型成民宿後，結識到更多不同領域的人。」熟習許多野生植物的作家劉克襄及生態推手彭國棟老師都是這裡的常客，喜歡帶孩子接觸自然的爸媽也是，喜歡的人就會一來再來。我拜訪時，遇到來自中國深圳的自由行客人Micky，她每隔三、四個月就會飛來台灣，下機場之後都是直接飛奔來藏機閣安居樂活村，這次她一住就是三個星期。住客來這裡沒有特定要做什麼事，這裡沒有電視、住客可自己決定是否要一起到田裡親近土地與自然生命。

我和爸媽是在十月入秋之際，來這裡住上一晚。平常我去農夫朋友家體驗或住宿，爸媽都沒興趣與我同行、說我找的都是年輕人的玩意，他們不想再體驗捲起衣袖、揮汗如雨的活動。

「我們全體村民都很歡迎你們唷！」董小姐在電話的另一頭這樣說。這次我直覺爸媽應該會喜歡藏機閣安居樂活村，或至少不排斥；這裡不但有獨立的房間、還有民宿飯店級的白色床墊與棉被，而不是露營、睡袋、睡貨櫃那種，洗澡也是在室內而非露天。事後證明我是對的，爸媽始終對藏機閣安居樂活村念念不忘，因爲我們在短短的一天半裡過得十分充實。

藏機閣安居樂活村的經營方式雖說是民宿，但又不是純粹的渡假感，它帶有一點靜心與回歸自我的味道，不是透過人，而是透過這塊地以及董小姐所營造出來的空間。整個園區就像一個圓形的小谷地，小徑沿著谷地的周邊規劃，入口兩側種著成排的五葉松林綠色隧道，讓林蔭下的空氣帶著微微的松香與清新。我的嗅覺較敏感、且又十分青睞各種樹林香氣，雖然松

林步道只有短短的五十公尺，但吸進的氣息太美好太享受，如果要我找個再訪藏機閣安居樂活村的理由，這絕對是排名前三的因素。

用身心體味大自然
自自然然成為愛上原味的蔬食者

正當我沉浸在嗅覺享受之中，建湘從樹梢抓了一把松針就往嘴裡塞，「這裡的每棵松樹都至少二十歲以上，都在自然無污染的環境中長大，可以採它較嫩的松針來吃。」他邊吃邊示範教學：「把松針對折、嚼比較嫩的中間段。」嚼沒幾下，果然有生葉子的澀味，不至於太苦，但若搭配蜂蜜會比較順口，看樣子，營養價值高，味覺享受略遜一籌。

松樹林蔭下的陡坡，種有好幾排鳳梨。印象中，鳳梨需要生長在有全日照的平緩坡地，而這裡的鳳梨居然可以順利結果，雖然不大顆（跟市面上的慣行鳳梨比較），這讓我有點驚訝。「這些鳳梨大部分都是老欉了，最久的種四年之久，只是因爲都沒有施肥、也多靠露水，所以口感上比較酸，但香味及脆度可是在這片石頭地特有的風味。」建湘說。

右上：把松針對折、放到嘴裡咀嚼中間那段，就可以吸收到微薄的松葉汁。

沿著小徑往下坡走，就會來到建湘種植作物的主要區塊，他利用木棧板隔出堆肥區，堆肥區裡面又隔成五大格，分爲新鮮的、分解中、可使用的，堆肥的主要來源都是基地中的枯枝落葉、還有三餐的廚餘，由於藏機閣安居樂活村的「村民」多年來都已經停止吃肉了，故不必擔心動物性蛋白對堆肥產生污染。

「以前我們無肉不歡、三餐不離海鮮。」董小姐說，她指著背後的走道，「當時來訪者眾，這裡曾經置放三個大型冷凍冰櫃，不是家庭冰箱喔，是擺在超市裡的那種，裡面塞滿各種肉品。」

後來，他們開使降低吃肉的頻率，最後轉爲只吃蔬果。「吃肉就像是吃屍體，爲什麼要讓不新鮮的東西進到自己的肚子裡？現採現摘的在地食材健康多了！」董小姐這樣說。冰櫃撤掉了，村民的身體、腸胃也覺得輕鬆許多。許多人以爲素食千篇一律、清淡乏味，而我吃過最痛苦的素食餐是由各種豆類做成的許多道菜，然後又硬要冠上「煙燻火腿」、「清蒸鱈魚」等葷食菜名自我安慰，吃完就是一整個對黃豆及香菇產生嚴重的恐懼症。

董小姐並不忌諱將重口味的蔥、蒜、韭菜及洋蔥等當做蔬食食材，她花很多心思上蔬食烹飪課，並活用各種口味的食材，用燉、蒸、炒、烤等多種煮法來呈現蔬食的風味，有些菜在辣椒或蔥蒜的加持之下，風味不但不輸給葷食、反而更讓人垂涎，讓我和爸媽頗有耳目一新之感。例如用苦茶油炒的香菇九層塔、蔥爆南瓜……每道菜都很下飯、幾乎被我們清空。

我認識各種吃素的朋友，都有自己的「不吃」原則：有宗教信仰的人，不能吃蔥蒜等重口味食材。有的則不吃美國進口的穀類及豆類，深怕吃到基因改造的食物。這些我都可以理解，畢竟我也不愛吃蔥蒜、盡量避開基改作物。

儘管有各式的蔬食模式，但我相信每個人會從肉食性動物、轉變成草食性或雜食性動物，過程都是一些機緣造成。像我，成長在一個注重營養的家庭，每餐一定都會有肉。但自從看了電影《食品帝國》的牛，在糞堆裡面生活，並吃著自己同胞的肉粉及骨粉及各式賀爾蒙及抗生素，我開始堅定拒吃美國牛……不過，僅止於美國牛唷！我還是繼續點摩斯漢堡的燒肉珍珠堡，因爲他們用的是紐澳的牛肉。

直到我在農夫建良的水田裡、跟著藝術家李春信所飼養的水牛米米犁田半天之後，不知道什麼原因，不需任何強迫，我自然對牛肉失去口腹之慾、絲毫不需掙扎的停止吃牛肉。現在回想，也許是感受到牛隻其實就跟我所養的狗狗一樣，都會與人類有情感上的互動。

再來是停止吃豬肉。從《食品帝國》及《Our Daily Bread》這兩部電影，我看到豬隻大量且快速飼養，消費者卻天眞無知狂吃的違和感，就讓我開始對工廠型豬肉感到倒胃口，我開始改買強調人道飼養與宰殺的豬肉，至少牠們在生前是健康又快

樂的，這樣我在吃下牠的同時才不會有愧咎感及不安全感（當然，我也無從確定是否眞的人道，只能靠食品包裝上面如是說聊表誠意）。

去年，我在YouTube上看到國內養豬戶駱鴻賢的素食豬天堂影片，重複看了兩三遍後，吃豬肉的慾望又自然的煙消雲散。駱先生原本承襲家業，養豬養了二十多年，但也因爲長期幫豬注射餵食各種藥劑，讓他不敢吃豬肉。他們的工作是把小豬仔養大養肥，再用貨車把豬隻運到屠宰場。豬隻們知道上了貨車的同伴們都是一去不返，貨車象徵著消失與恐懼，所以每隻豬都是邊尖叫邊被推著上去。有天，駱先生又要趕新的一批豬隻上車，所有的豬都在尖叫，唯獨其中一隻豬，定睛看了他好一會，好似跟他說：「不用你推，我自己走。」然後逕自緩緩步上黃泉路。

當豬商把豬隻們載走之後，駱先生輾轉難眠，閉上眼就是豬看著他的眼神，他體悟到原來豬隻也是有靈性的，立即決定到屠宰場用兩倍價錢把牠買回來。可惜趕到現場時，只看到牠的豬蹄子。

駱先生從此停止販售豬隻、豬隻從此從牲畜變成寵物，主人決定停止各種化學飼料，只用素食店的廚餘來餵養牠們。我在影片中看到豬在對主人微笑、還有駱先生對豬隻的承諾。

依循古法親手製作
愛上缺陷美的豆腐

隔天早上七點，我們自然清醒，沿著小徑繞了山谷一圈，我趁早晨陽光充足，再去看看藏機閣安居樂活村的菜畦。菜畦從高到低，高的菜畦種根莖類植物、低的菜畦種葉菜類。在準備播種前，會先將熟成的自製堆肥混著土壤平鋪在菜畦表面一兩天，然後再播種，待種子長出菜苗、足夠強壯之後，接著才會把乾草覆蓋在土壤表面。先長苗再覆蓋土壤的方式，可以避免幼苗在生長之初的徒長現象。

菜畦旁邊、留有一塊約三十坪大小的野放區，目的是讓野草有生長空間、可以開花，讓野蜂有花粉花蜜可採，讓紅邊黃小灰蝶有火炭母草可下蛋。放眼看去裡面大多是禾本科的，如牧草、五節芒等，我心生羨慕，這比一整塊都是鬼針草好多了，不用擔心它們結成鬼針、而且都長很高，不但可以當覆蓋物、也可以當墊高菜畦的填充物吧。

散步完畢，建湘開始準備著手製作傳統豆腐。有機的黃豆在凌晨二時浸泡，浸泡七小時之後磨豆。他用早期早餐店都會有的磨豆機及脫渣機（現在連鎖早餐店已經看不到，因爲都是用現成的黃豆粉泡水），將黃豆加山泉水磨成豆汁，再經脫渣機去渣，最後將磨好的豆汁放在傳統爐灶上，用柴火慢煮約兩個小時，火一定不能大，火大，豆漿就無香味，且底部易燒焦。建湘沒事的時候就過去攪拌一下，同時也控制火勢，若火太大，就用鐵鉗把爐灶裡的木頭夾一些出來。在煮的過程中，爐灶四周已經散發著濃濃的豆漿香氣，起鍋之後，把剛煮好的滾燙豆漿倒入另一鍋已經調好食用石灰的容器中，接著就靜置半小時，讓豆漿與食用石灰作用、並冷卻凝結成豆花。

建湘挖一小塊給我們吃，剛做好的豆花冒著煙、入口即溶出黃豆的香氣，即使沒有加糖，還是可以嚐到黃豆本身的微甜，好開心。

這時候準備要做豆

腐了，我才知道，原來豆花就是變成豆腐的過程啊！建湘把薄薄的棉布鋪放在豆腐的成型木板上，然後再將豆花挖到成型木板裡面。木板模的面積小巧可愛，約三十公分見方，底部有一格一格的方格線凹槽，這樣水才能流出來，豆腐就能成形。豆花填滿之後要再蓋上一片平板。一大桶的豆漿，慢慢熬煮、水份蒸散、豆漿的濃度拉到最高，最後竟只能填滿五板豆腐。板模被放到鐵架中固定，再用石塊壓在平板上面，以便將豆腐塑型。石塊還不能一次全放，須由輕而重，循序加重，先壓中石頭、十五分鐘後再換成大石頭、最後大中小三塊石塊一起壓半小時才能確定定型。

就像耶誕節等待拆禮物般的期待心情，我們吃完中飯後、跟著建湘去取出豆腐。「不要太期待，有可能會失敗，棉布可能會黏住豆腐、造成豆腐毀容。」建湘回憶過往的「拆模」經驗，我這才知道早期要看到完美的豆腐塊，其實也要碰運氣的！

「要豆腐不黏布其實也很簡單，只要石灰比例高一點、同時以基改黃豆做原料，這樣每板豆腐都不會黏布、都有漂亮的外型，但過多石灰與基改黃豆對人體有害，所以藏機閣安居活村堅持石灰夠就好，要做豆腐就用有機黃豆，每天的五板豆腐還是會黏布，每天還是要小心地掀布。」

建湘把成型板瞬間整個倒翻在一塊平板上，這樣豆腐的正面才能朝上。他移開成型木板，準備將黏在粉嫩豆腐表面的棉布撕開，我們懷著忐忑的心情、又不敢跟建湘講話，這時需要的是專注及平靜的心。先從四個角拉開，如果這時沒有黏住，接下來應該就不成問題，今天的五板豆腐，完全沒有毀容的是二板，最完美的那板，由建湘下午帶去給暨南大學的學生觀摩品嚐，而我也很開心能分到一小塊豆腐，迫不急待想帶回去給外婆吃，讓她嚐嚐她小時候才有機會吃到的香濃豆腐。

此時，天空傳來親切的大冠鷲的叫聲，我抬頭仰望，「這是老鷹媽媽正在教導兩隻初生小鷹盤旋飛翔、這是王者之鷹所獨有的飛翔，你們可要好好學習。」建湘指著牠們說。

我在竹北的田裡，偶爾也會見到大冠鷲出現，一開始我還覺得不可思議，畢竟竹北已經算是都市化的地方，但隔壁的陳阿伯說，老鷹很可能就是居住在蓮花寺步道、牛牯嶺那邊。陳阿伯的田在去年秋天稻米結穗時，因爲田邊一排樹林、一堆麻雀以樹林爲基地，以迅雷不及掩耳的速度掠奪稻米，氣得陳阿伯又是放風箏、又是放沖天炮、又立稻草人，結果完全沒效果，麻雀似乎很清楚這是人類的伎倆。正當陳阿伯束手無策時，有人建議他去買老鷹造型的風箏，他在田的前方與後方各掛一個，他把線固定得短短的，讓老鷹猶如在低空覓食的姿態，結果，麻雀們嚇得不敢再出現，「比沖天炮還有用！」但是老鷹

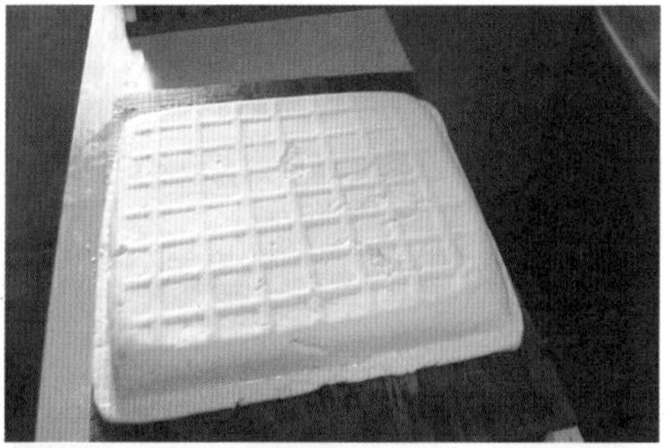

風箏只工作了兩天，第三天就被偷了，於是預算有限的陳阿伯還是只能靠自己到田裡趕鳥。

印地安人說，只要聽到老鷹的叫聲，就表示今天是Lucky Day、或者有好事要發生了，我想這是有道理的，因爲老鷹通常選在清朗好天氣、方可藉著熱氣流飛高，天氣晴、心情就好，於是就會有好事發生，我微笑心想著，能夠來到藏機閣，享受山谷中的自然空氣、誘人的蔬食餐、以及現場觀察豆腐的製作過程，的確是很Lucky啊！

世豐菓園

- 農場主人：林世豐
- 農場地點：台中豐原
- 主要作物：自然農法的柿子、梅子、桶柑、檸檬、美人柑、芭樂、芋頭、冬季蔬菜，未來還有黑金剛蓮霧、紅棗、奇異果
- 農事幫忙：可
- 最需人手幫忙時段：四至五月、七至八月、九至十二月
- 志工可否帶小孩：不可（安全考量）
- 可否打工換宿：可，兩間大通鋪最多容納二十人
- 可否參觀：可，但需在非農忙時段，需 email 預約
- 可否純住宿：不可
- 可否預購農產品：可先留下聯絡資料及預購數量，因季節及產量因素，不一定可以預購得到，待確認有產品時再聯絡匯款。
- 聯絡信箱：farmer.andrew88@gmail.com
- 部落格：www.wretch.cc/blog/farmer0116
- 臉書專頁：www.facebook.com/farmer0116Naturefarm

在尚未與林世豐碰面之前，就讀過他在部落格寫的文章：〈如何淡定對待果園雜草〉，不但列舉出一般人想不到的十大雜草好處、還搭配微距單眼拍攝的照片，視覺上十分吸引人。後來，他專程從豐原開車到竹北、參加詹武龍老師舉辦的種子交換活動，我才正式與世豐認識。

更巧合的是，因爲《改造老房子》一書採訪機緣而成了茶友及酒友的屋主老蕭，竟也認識林世豐。

「妳怎麼會認識他啊？」我問。

「有一次妳不是在臉書上轉貼他徵求柿子套袋的訊息？我看了就去報名了啊！」老蕭提醒我，我才把人名與轉貼的事件串起來。

老蕭是一個瀟灑又直腸子的人，她沒有多想、就一個人報名去當義工，把人家嚇到。「後來世豐跟蔓蒂這對夫妻跟我熟了，他們才坦承對我說，頭一次有女孩子家單獨報名，通常都是一群人，單獨的通常都是學生，一開始還揣測我是不是有什麼情傷想要散心、還是要來拉保險的。」不過，老蕭的豪爽性格，讓他們很快就成爲好朋友，回家之後依舊保持聯繫，得知我要去找世豐，老蕭說她也要同行，所以，這次我很幸運有兩個人陪伴，一位是我的室友阿隆、一位是老朋友老蕭，行前簡直就像是遠足一樣充滿期待！

雜草原來是大自然的好幫手

那天我們三人來到與世豐約定的地點，世豐開著廂型車來接我們，他們在豐原市區也有一棟房子，方便接送孩子上下學，而白天的時候夫妻倆便開四十分鐘的車程到摩天嶺務農。

我們抵達摩天嶺的時間點，正逢柿子採收完畢、柿子樹葉子掉光的時候。開進

山路後，經過一戶戶的柿園，都因爲柿樹的落葉覆蓋地表而呈現讓人無力的枯黃色調。

但是，世豐的果園卻不同，在柿園裡面視線所及都是一片綠意，除了較陡峭的地方外，大部分都覆蓋著厚厚的雜草，成爲摩天嶺廣大山坡上的萬禿叢中一點綠。

大部分的柿農爲了方便管理果園，多在果園內噴灑除草劑，「雜草會跟果樹搶養分、搶水。」這樣的概念深植在大多數的慣行農夫腦海裡，完全不在乎雜草可以幫忙抓住土壤表面、並增加土壤的空氣及多元性。

「即使當時還是用慣行農法，但從十年前開始，我的果園就不再灑除草劑了，畢竟，雜草就是因爲它們的雜而顯得難能可貴：它們提供許多微量元素、以自然的方式豐沛土壤；同時又可以保濕及隔熱，讓果樹的根系感到舒服；它們也提供許多

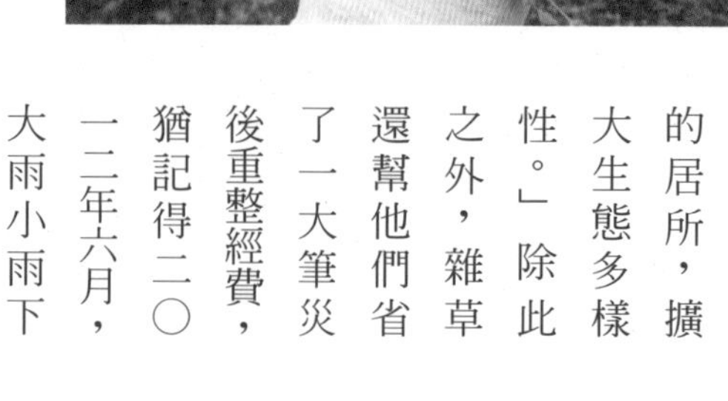

種罕見昆蟲的居所，擴大生態多樣性。」除此之外，雜草還幫他們省了一大筆災後重整經費，猶記得二〇一二年六月，大雨小雨下不停，甚至連續二週的陰雨綿綿，氣象局一再上修雨量預測，摩天嶺許多使用除草劑、沒有雜草包覆的土地，終究經不住雨水沖刷而造成土石流坍方，土石流沿著運送柿子的產業道路一路流到山下，老天彷佛在暗示人類，你若犧牲大地、大地也會犧牲你。

都市上班族歸園田居

原本經營長達半世紀的果園是由世豐的父親在照顧管理，世豐一直在台中工作，猶豫著是否要回來。摩天嶺柿園處處是超過三十度的陡坡，有的區域甚至超過四十五度，我走沒幾步就覺得喘，更何況世豐父親要扛著沈重的除草機、噴藥設備，對雙腳而言更是一大負擔，年事已高的雙親越來越希望身爲獨子的世豐回來繼承家業。一九九七年，父親不慎在務農時於梅園裡的陡坡上摔落、翻滾好幾圈才在低窪處停下來。當時有腦震盪現象，醫生特別提醒父親的記憶退化會比一般人快，受傷之後體力大減，儘管當時旅行業的景氣非常熱絡，世豐與妻子蔓蒂討論過之後，決定回來接手管理柿園、同時可以就近照顧父母。

說到這裡，眞要讚美蔓蒂，她與世豐在

台中工作時相識，身為一個都市長大的女孩，願意離開空調的辦公室、來到「有讓人尖叫的蟲子與淤泥」的地方當農婦，「誰叫我的老公是世界第一帥的農夫呢！」蔓蒂開玩笑說道，讓在場的老蕭與我一片靜默。

其實蔓蒂充滿熱情與好奇心，來摩天嶺工作生活其實頗讓她躍躍欲試，「結果來這裡的第一天就破功。婆婆體恤我都市人不擅於在山間採柿套袋，便交代我待在家中煮飯就好。我幾乎沒有下廚經驗，在台中工作都是外食或微波。」但蔓蒂不服輸的個性，讓她決定在廚房放手一搏，一陣手忙腳亂、終於在家人等待片刻後順利上菜。「結果……大家默默的把午餐吃完，因為家人的包容，讓我開始專研作菜的技巧。」

「父親認為果樹、土地都是自己的財產，蟲本來就不應該跑來白吃白喝。」由於當時對於品質的要求，世豐他們家的柿子禮盒還是許多高官大戶送禮的首選。「我們的柿子禮盒以及箱裝甜柿從一千多到兩、三千元，許多經商的客戶，眼睛眨都不眨，一次就訂三四十盒，或是一次十幾二十箱，價格比別人高、卻很快就銷售一空。」

慣行的柿子要長得又大又紅、又有紮實口感、表面完美無瑕，都需要搭配大量的農藥及殺蟲劑、多種有機肥及化肥，以及辛勤的養護才有辦法達成，加上當地蟲害

嚴重，沒有噴藥的蔬果很快就會被飢餓的蟲蟲攻佔，擔心收成不佳，農夫不得不冒著生命危險噴灑藥劑。世豐也提到這區有許多老農，年老的時候肝與腎都出問題，失智比例也偏高，「甚至有人四十歲就死於肝癌！」農藥眞的很可怕，它是第二次世界大戰的生化武器，戰爭結束之後，因爲饑荒，適度少量的農藥的確爲人類帶來更多糧食，但人類對它相當依賴的結果，則在無形中被農藥控制了。

「慣行農法的柿子太大太重，對柿樹的枝條來說也是一大壓力，我們常常得一顆一顆的綁柿，尤其在陡坡上，兩隻手臂要持續以上揚的角度工作，有時還得使用梯子，對脊椎及腰部都是一種工作傷害。」這麼辛苦綁柿，並不一定就不會有事，由於樹與葉子及果實之間的連結太過於脆弱，二〇〇七年十月的柯羅莎強颱，讓西北坡向的柿園柿葉幾乎全部掉光，無法光合作用傳送養分給柿子。甜柿的品質與果實顆粒大小大受影響，只能便宜賣給批發市場。

而西南坡向原本著果不多，一萬多顆的柿子被猴子吃掉了六千多顆，緊接著同年耶誕節前夕又下冰雹，當時已經在思考大自然才是主宰，「一整年的心血全都泡湯，幾乎沒有收成，我們鬱卒到差點離婚。」遠離講究績效的台中旅行社工作，來到鄉下更苦更累卻一樣擺脫不了「業績壓力」，離預期的銷售目標太遠，夫妻雙方身心疲憊，間接影響到雙方感情。

慣行農法轉型自然農法 摩天嶺上的世豐菓園

果園裡的柿子也有不少動物鳥類搶食，篤信藏傳佛教的世豐，思索著不傷害動物的想法，「科羅莎颱風當年很誇張，西南坡向原本可以收成一萬四千顆柿子，硬生生被猴群吃掉六千顆，我們只好架設高一點的通電柵欄，使用一百一十伏特的電，不至於危害猴子的性命，卻有效減低柿子被偷的機率。」不過世豐沒有完全斷絕猴子的吃柿子的機會，除了還保留周遭的桂竹林，讓猴子不會完全沒通道可進來偷採，但卻降低被偷吃的量。另外他把太熟或有瑕疵的柿子丟到通電柵欄外，直接分送給牠們吃。

有一年，鳥也吃掉超過四千顆柿子，但他們仍然沒有設鳥網和補鼠籠。因爲他們深信老天爺會補償他們損失的部分。

夫妻倆回家務農時，已經實踐著母親栽種的理想：「自己敢吃的、再賣給別人。」而在接觸了藏傳佛教後，噴藥殺生的陰影一直影響著世豐。二〇一〇年一次機緣，讓他們決定做出改變，剛開始他們不敢貿然將全部柿園都賭進去，決定分區嘗試，朝西南方的坡面不用農藥、但施有機肥料，另外西北側則停用殺蟲劑、繼續噴殺菌劑。這對他們夫妻倆而言，很可能頓時就少掉一半以上的收入。

「二〇一〇年我們正式停用慣行、改用有機的方式栽種，由於使用有機資材防治病蟲的次數增多、加上有機資材成本又高，而且我又拿慣行時期的收成標準來看待有機，總覺得付出更多、病蟲害卻更嚴重，對於品質要求高加上產量降低，對我來說心理壓力很大，達不到要求的品質，只好訂出比慣行時還低的賣價，收入因此銳減，內心相當掙扎。」世豐說。蔓蒂覺得老公好像很孤單，而且在栽種上有許多維護管理方式還要自行摸索，「我想幫老公找同好，讓他知道有些人也用非慣行的方式在栽種果樹，因緣際會在上下游新聞市集看到農夫林義隆所刊登的文章，進而接觸了秀明自然農法，後來更進而認識了台中的合樸農學市集。」

「原本我們以爲自己是台西（台灣西岸）唯一的傻子，沒想到台中合樸市集裡還有一群傻子加瘋子！」

這些夥伴從心理的觀點去說服世豐看待

銷售，果樹、土地在轉型時，果實會有一段時間變小、產量也會變少，是因爲果樹及土地在改變體質，不能用以往的「盛產」標準來看待。台東種酪梨及釋迦等水果的自然農法農夫羅傑告訴他的話，至今他仍牢記心中：「君子謀道不謀食、憂道不憂貧。」做對的事情對得起自己的良心與原則最重要。

有了夥伴的加油打氣，決定停用農藥的隔年，雖然柿樹開始出現蟲害等問題，世豐毅然決定再往前一步，不論是化肥或有機肥，只要是肥料一律都停止使用，柿園於隔年二〇一一年全面採無農藥無肥料的自然農法。

用耐心與時間轉換體質
換取更融合的土地與作物關係

不用噴藥也不必灑肥料的自然農法，

聽起來好像很輕鬆，其實還是有許多技術面需要執行。第一個就是持續觀察，「要比以往更用『心』觀察，而不是用直覺反應。」世豐說，「以前看到野草就拔、看到蟲就打死，現在是要看這些野草是什麼種類？爲什麼喜歡潮濕的野草會聚集在某個區域？爲什麼有些天牛特別喜歡攻擊某一株柿樹？」

第二是幫柿樹剪枝、疏花、疏果。「以前因爲有源源不斷的肥料，柿子超重只要跟枝條綁固定就好。現在不行了，養分必須靠柿樹根系深根去吸收找尋，如果我不幫忙疏花、剪枝，那養分就無法集中了。」

第三是不除草、但定期壓草。世豐用自製的壓草工具，把長得太高太密的雜草壓低，被壓過的部分會逐漸在地面上乾枯分解，再度被土地吸收。

停止使用慣行農法的這兩年，柿子數量驟降爲原本的五分之一，整體產量更只剩下十分之一（因爲果實較小的因素），雖然是意料之事，但還需更加提醒自己樂觀面對，而不是只注意在數字層面。土地轉換體質需要時間，從慣行轉爲自然農法的果園，平均需要五至七年的時間。

從自然農法的農夫
延伸出更多元化的生活觸角

這兩年，爲了維持家計，冬季果樹休眠的情況下，世豐開始種植冬季短期的蔬菜，世豐與蔓蒂還想出一個副產品，「有些柿子運到消費者手上已經過熟，因此不適合販賣、丟了又覺得浪費。後來看到農友太熟的香蕉、芭樂等切片低溫烘烤，變成水果乾，我們念頭一轉，也許可以嘗試做柿子乾看看！」包裝柿子乾，也成爲我們打工換宿的主要工作。不太敢吃水果的我，鼓起勇氣咬了一口柿子乾，結果眼睛

一亮，紮實又帶有彈性的柿子乾，甜度是在入口咬嚼了幾下之後才產生，正好是在唾液分泌之際，十分恰當，不但讓我敢吃也愛吃，我和阿隆一口氣就決定買十包。如此原味無添加的副產品，不但不會讓過熟的柿子因此浪費掉，還可以增加些許收入，不無小補。

世豐果園正處於轉型期，果園產量在前幾年都相當不穩定，但唯一且珍貴的好處就是，農夫可以不用像慣行農夫那樣緊張兮兮的守在果園裡，反而可以做其他的事情。今年春季，趁柿樹才剛甦醒、長出嫩葉，世豐決定趁這空檔投身到石岡種稻，將自然農法的概念，從果園延伸到稻田，體驗短期作物的栽種及孕育過程，這對原本被以慣行對待的稻田來說，應是一大福音，然而還是會遇到轉型時的狀況，（若說困境，就有負面之意，但其實若客觀抽身出來看，這就是一種過程、一種狀態的客觀呈現。）連日的大雨造成部分稻殼白化、大雨完畢之後連日的烈日曝曬又讓水田乾涸，好在水圳在最關鍵的時刻順利修好破裂的水管，即時挽救水稻們的性命。

他同時也義務爲許多自然農法團體做記錄、拍照，讓人們對土地關注的過程能夠有系統的整理出來。有時也會到學校與學生分享如何開心的當個自然農夫，開心的與想轉作的農夫分享轉作過程的觀察與理

左右頁圖：林世豐提供。

念。而打工換宿更是世豐想要將大自然的美好與他人分享的好方法：「爲了讓更多人可以清楚我們的做法，我們提供食宿換工的工作假期，讓體驗的人可以感受到四季脈動、食物栽培過程的辛苦、農家的生活，以及食物的眞正滋味，從而更珍惜食物，愛護自然、愛護生物，讓生活生產生態（三生），落實在生活中，也或許因爲這樣的生活體驗，讓你愛上過半農半X的生活。」世豐說。

也許「分享」正是自然農法的農夫們，除了體驗土地所帶來的感動與教導之外，另外所獲得的珍寶吧！這讓我留意到，許多自然農法的農夫，都不只是專注在耕種上，還擴展到社區、互相扶持關愛這樣的人際關懷層次，像夏耘農莊的義隆，目前也成爲台東荒野協會分會副會長，這些工作都是無償的，但他們的心靈卻是充實且富足的。

蜂之饗宴

逐花草而居的蜂家族

- 農場主人：童富榮、林秀芬
- 農場地點：台東關山
- 主要產品：多種樹與花之蜂蜜、埔鹽花粉、蜂蜜醋
- 是否接受打工換宿：此工作力求專業經驗、同時與蜂相處也有隱藏的危險性，故不接受打工換宿。
- 可否參觀蜂場：可，需收費並email預約、限制在二十人以下
- 可否預購農產品：可從網頁上參考所需產品，因季節及產量因素，有些產品是限量。
- 網站：www.beeweb.com.tw

圖片提供：童富榮。合照者為 Burt's Bee 創辦人蜜蜂爺爺

若沒有太大的氣候變遷，每年只要一過寒露[註1]，就是台東的縱谷地區羅氏鹽膚木開花之際，這時，講究效率的蜜蜂們，就會集中火力在羅氏鹽膚木上面採花粉。

寒露之後過沒幾天，我排開所有事情，並安撫了緊張的老爸老媽，「上個月你去台東才被拍了兩張超速，怎麼這麼快又要去？！」、「到底是去玩還是去採訪？」隔兩週又去台東的計畫，的確有點奢侈，油錢、住宿，都是一筆開銷。這次專程再前往台東，主要就是爲了看蜜蜂們這場「季節限定」的採花工程，一年就這麼一次、爲期兩週。

之所以有這麼拚的動力，原因之一是來自我很喜歡吃蜂蜜。在國內買的各種蜂蜜，一開始吃都覺得還不錯，但吃久了就會覺得太過黏稠甜膩，後來在北海道吃到杉養蜂園的北海道百花蜜，覺得清甜且不黏膩，回來跟長輩討論，才知道早期的蜂

蜜因爲是現採現裝、富含水份，沒有一般給人的甜膩黏稠，不過缺點就是不能長久保存。而現今因爲要增加蜂蜜的保存期限，研究出可以除去水份的技術，許多種蜂蜜都變得濃濃稠稠的。

從台西來到關山的第三代蜂家族

透過朋友的介紹，我得知在台東關山有一戶延續兩代的養蜂人家「蜂之饗宴」，他們的父執輩可說是遊牧民族，從台灣西岸遷徙而來，主要是因爲逐「花草」而居、爲追求更穩定的蜜源而搬到台東。「我們採蜜已經採了四十年了，由於自然環境陸續遭到破壞，我記得小時候一直在搬家，從台中、嘉義、搬到新竹，最後來到關山落腳。」聽著「蜂之饗宴」第三代老闆娘林秀芬說著家族的故事，邊試吃不同的蜜源蜂蜜，覺得很困惑，同樣是龍眼蜜，他們家的跟我之前所吃過的龍眼蜜完全不同，清爽多了，一點都不會死甜。

我以前只知道蜂蜜除了「龍眼蜜」與「荔枝蜜」之外，就是「蜂蜜」，從沒想過蜂蜜原來可以分到這麼細，有文旦蜜、桂花蜜、烏桕蜜……十多種，「對喔！從高聳的大樹、中高灌木林、到低矮的花花草草，只要有開花，都有可能採得到蜜及花粉，才能吸引昆蟲鳥類幫忙授粉啊！」爲什麼我壓根都沒想過蜂蜜有多種口味呢？！有種人生被浪費掉的遺憾呢！

在這裡品嚐的眾多蜂蜜之中，最讓我愛不釋口的，是可以塗在土司上當抹醬的厚皮香結晶蜜，此蜜的口感先甜後帶酸甘，雖然我是屬於味覺遲鈍型，但也明顯吃出它在舌頭各區產生的層次效果。

見我對蜂蜜如此喜愛，秀芬邀請我去他們「放蜂」的地點看看，「下週約十月中旬，妳一定要再來，看一年一度的羅氏鹽膚木開花盛況，到時候滿山滿谷都會開滿粉黃色的小花，蜜蜂到時候可有得忙了！」

我在台東常常遇到一些熱情的朋友，邀請我來台東的方式，就像我住在台東似的。「妳明天就要回家囉？我們下週還找了朋友來討論菜單，妳再一起來試吃嘛！」或者就像秀芬這樣，覺得我到台東好像走自家後院一樣。老實說，我還蠻喜歡的，有種「歡樂一家親」的溫馨感，也讓我眞的覺得到台東不是一件很困難的事，而且南迴公路的路況還算安全。

對大部分的中北部朋友而言，台東似乎是很遙遠的地方，但我後來卻是這麼想的：從豐原前往台東，順著國道三號、轉南迴公路，以正常速度行駛的話，大約五、六個小時就會到，也許你會覺得久，但若相較於美國、中國、日本等面積較大的國家，這樣的距離算是「非常近」！

另一位住在花蓮的朋友小林仔，臨時起意想知道繞台灣一圈要多久？與朋友小牛開車測試，從花蓮往西岸走、再從南迴經由台東台十一線回花蓮，沿途國道只在需要的時候停靠休息站，並交貨給彰化一位朋友，做短暫的停留，我才知道，台灣只要花不到二十四小時就可以繞完了！所以，若會覺得台東遠，完全是距離感的相對比較產生的結果。這樣的認知轉變，是我樂於去台東的動力之二，希望透過行動灌輸自己，只要在台灣，沒有什麼地方可以嫌遠的。

就這樣，雖然不能是下週、但起碼是下下週，我有著充分的理由再度來到深愛的台東縱谷，這次不走海線了，想趁閒暇之時慢慢走晃一九七線道的池上前段，不過抵達的隔天還是要先去看蜜蜂採花粉，聽說羅氏鹽膚木的花期已經快接近尾聲了。

圖片提供：童富榮

只取一瓢飲
養蜂人家行規

羅氏鹽膚木俗稱埔鹽、山鹽青，算是國內野生、沒有人會刻意去種的「雜樹」，大多出現在太陽照得到的山坡向陽面。「雖然埔鹽的開花期有十五天，但我們只收最盛開的其中五天，可以確保花粉都是從埔鹽花上取得、而非別種植物的花。而且，我們只攔截早上八點半到十點半的花粉，之前與之後的花粉留給蜂群自己食用。」秀芬說。也許這是養蜂人家的行規，畢竟蜜蜂自己也要餵養族群，如果把花粉跟蜜都採光了，牠們就無法繼續繁衍了。

我在自己田裡曾注意到蜜蜂會在鬼針草開花的小花朵裡面駐足，每朵小花大概停留兩三秒，然後兩隻後腿掛的花粉越來越大丸。於是，我好奇問說，即使是埔鹽花盛開期，但蜜蜂從蜂箱飛出的路上，會遇到許多野花，應該還是會吸引比較不想飛太遠的蜜蜂去採吧？這樣還是會摻雜到其它種類的花粉吧？秀芬解釋說，蜜蜂會選擇採收比較有效率的花粉種類，哪種花盛開花粉量多，就一次採足！她的反問很有說服力：「假如你是蜜蜂，你是要近距離、但是在稀疏散落的野花中慢慢採集很少量的花粉；還是要飛稍微遠一點，但是定點有著堆積如山、滿坑滿谷的花粉讓你很快就採足？」假如我是一隻講究效率的工蜂，一定會選擇後者囉。

放蜂場親嚐現採蜜的鮮甜

我們抵達蜂箱放置點的時間約早上九點，秀芬的親戚家族早已在現場工作。當時蜂箱還設置有攔截板，將花粉攔截在蜂箱外面的抽屜，秀芬的老公富榮挖了一匙給我們，蜜蜂現採的花粉柔軟而濕潤，這個時期的花粉依舊以埔鹽花粉爲主，口感微甜不澀，很好吃！原來平常我們吃的花粉之所以較硬，是因爲經過烘乾、以便保存的關係。我們在現場還直接從蜂巢挖蜜出來吃，口感明顯比包裝好的蜂蜜來得更加「液態」，幾乎沒有黏稠感，那是因爲蜂巢裡面的蜂蜜是富含水份的，如果今天這樣的蜂蜜裝在一杯馬克杯裡面，我想我會慢慢的「喝」完它。

拜訪時算是秋冬之際，蜜蜂比春夏季還要兇，原因在於溫差變化太大。「蜂巢內部的溫度比室外高，通常維持在攝氏三十二至三十五度左右，取蜜時，光是掀開蜂箱蓋這個動作，就很容易讓戶外的冷空氣流入箱子中，蜜蜂很快會察覺、並呈現警戒狀態。」想想也對，假如在寒冬睡夢中，有人突然將蓋在身上的棉被粗魯的抽走，我也會很生氣的。爲了不被怒沖沖的蜜蜂螫到，整理蜂箱的人最好要全副武

零污染的花

裝、帶上網帽及袖套，不過秀芬的叔叔依舊身穿短袖、搭配煙薰器就徒手整理，他保持警戒，遇到疑似襲擊的動作就立刻抽身閃開，實在讓人替他捏了好幾把冷汗。

至於沒有配戴裝備的我們，必須跟蜂箱及蜂群保持一段距離、以免被叮成豬頭，「保持心情放鬆，不要緊張喔！緊張的話，我們身體會釋出味道與訊息，蜜蜂會感應到的！」所以我不斷深呼吸、試圖讓自己維持平常心。

秀芬要我猜，全身哪個地方被蜜蜂叮到最痛？結果，不是肚子、脖子、也不是大腿，而是指尖與指甲之間的指甲肉，那裡如果不慎被蜜蜂叮到，就好似「上千上百個針尖不停的戳著指尖而持續刺痛著」，聽她這麼說，我不知不覺就把十指緊握在掌心之中。

逐花種花期而居 蜂族的遊牧生活

經過了充滿震撼感的臨場放蜂觀察後，富榮帶著我們一起去看埔鹽花山區。其實沿著台九線及分支的縣道，都可以看到零散的埔鹽雜生在路邊的景象，而他們放蜜蜂採集埔鹽花的地點，則是在靠近鹿野武陵橋那一帶，雖然已經接近花期尾聲，仍可以看到埔鹽花像是一叢叢的金黃色火焰一樣在樹梢「怒」放，然後周邊圍繞著許許多多的工蜂，我內心幻想，如果我能夠解讀工蜂的話語，也許此時此刻他們正在吶喊著：「哇哈哈哈……好多花粉啊，眞是冒喜啊！！賺到了賺到了！哇哈哈哈……（持續不斷狂笑）」

即使家族於二十五年前就定居於台東了，秀芬、富榮與親戚們依舊讓蜂群過著小型遊牧的生活，遊牧的方式隨不同植物的花期而幫蜂箱搬家，他們有十多個採蜜點，通常都是選擇晚上才移蜂，「晚上蜜蜂們在休息，比較不會讓牠們感到緊張。每個月都有不同的植物開花，有些果園開花季節需要蜜蜂幫忙授粉，就會邀請我們過去放蜂。至於其他時候，則由長輩們憑著多年的經驗、溫度變化等，去尋找野生植物會開花的地方與時段！」

氣候變化影響花期致蜜源難覓 人造蜜混充市場

不過，最近大環境氣候變化大，許多植物的花期錯亂、甚至一整年都不見開花的跡象，「二十多年來的經驗在這兩三年都派不上用場了，老師父也要重新學習、一切重頭來過，即使毫無頭緒也要努力找出開花的線索。」

圖片提供：童富榮

圖片提供：童富榮

即使蜜源越來越難尋得，國內市面上的蜂蜜供應量仍舊穩定，那是因爲有些蜂蜜其實是化工產物，「現在化工合成技術越來越純熟，幾可亂眞，我們曾經嚐過幾種人造蜜，連口感層次都模仿得很道地！太驚訝了！」秀芬並舉例，二〇一二年的龍眼開花不多，照理說蜂蜜產量應該僅有前一年的三分之一，但沒想到市場依舊可以供應同樣數量的龍眼蜜。

由於外界各種蜂蜜產品競爭太激烈，爲了讓自家親友的養蜂事業得以穩定，富榮與秀芬才於二〇〇〇年成立蜂蜜門市，並與當地蜂農（大多是家族親戚）組成合作社，用高於市價三成的價格跟蜂農買，而且不會因爲供量提高就跟蜂農削價，但蜂農得確保蜂蜜的品質皆是花期最繁盛的時候所採的。蜂農有穩定的收入就會對富榮產生信任感，這樣的合作關係長期延續至今。雖然對消費者而言，他們的蜂蜜較坊間而言價格偏貴，但能夠吃到較純粹新鮮的花蜜實在還蠻享受的，價格又比進口蜂蜜便宜許多，我每天就非得挖一兩匙他們家的厚皮香結晶蜜來吃才甘願。

從蜜蜂生產力窺見生態系的平衡

其實，不只是蜂蜜好不好吃，更重要的是蜜蜂的數量代表生態的平衡與否，畢竟，人類所食用的一千三百多種作物之中，有超過一千種是透過蜜蜂授粉、傳遞下一代的。如果蜂蜜產量多，就代表能夠採到充沛的蜜源，象徵著植物界的生態系是平衡且充足的運作著。

前陣子不是掀起一陣蜜蜂大量消失迷路的消息嗎？大量使用基改作物與農藥的美國，其養蜂企業統計，直至二〇一二年爲止，美國東岸已經消失了七成的蜜蜂、而西岸則是損失三成至六成的蜜蜂，台灣養蜂戶則是減少四成多，歐洲、中國、俄羅斯、加拿大也一年少一成的數量。

目前科學家研究出的原因，主要是新型農藥益達胺的影響，益達胺是近年研發出來、對哺乳動物毒性較低的新型尼古丁類殺蟲劑，但是卻會讓蜜蜂變笨。研究者把蜜蜂帶離蜂巢，然後分爲兩組，一組有刻意餵食低劑量的益達胺、另外一組則無，結果有餵食益達胺的蜜蜂回巢的數量減少三成。而台灣楊恩誠教授的研究則顯示，在引誘蜜蜂覓食的糖水中添加五十ｐｐｂ（每一ｐｐｂ爲十億分之一公斤）的益達胺，就會延長蜜蜂回巢的時間，有的甚至隔天才找到家，而超過六百ｐｐｂ濃度時，超過三成的蜜蜂當天就消失、永遠回不了家。有些關心蜜蜂的農夫，會停止在開花期間噴灑農藥及除草，但是大部分農夫並沒有這樣的概念，畢竟對他們來說，不被蟲咬的作物才是他們的收入來源。

其實不只是專業養蜂人才能養蜂，如果一般家庭有野蜂築巢（野蜂是指土蜂、中蜂，而不是屁股有黃色粗環的外來種義蜂[註2]），不要急著把蜂巢除掉（除非是恐怖的虎頭蜂），若環境許可，就讓他們在那裡安身立命，若不許可，也可以請有相同理念的養蜂人前來收蜂，養蜂人可以提供相對安全、優渥的環境給蜜蜂！

註1：二十四節氣中的第十七個節氣，通常是國曆十月七日或八日。

註2：國內養蜂人所養殖的蜂種，主要是外來的義大利蜂（簡稱義蜂、意蜂或西洋蜂），以及本土的土蜂、又稱野蜂或中蜂（或中國蜂、中華蜂、東方蜂等），養蜂人比較屬意容易馴養且產量大的義蜂，但義蜂其實強勢且會搶土蜂巢，而造成國內有義蜂就無土蜂。然而，就生態角度而言，如果沒有土蜂在周遭採花粉，授粉率將會非常低，故土蜂在高海拔有其無法取代的重要角色。

【實作篇】

十一種順利種到大的蔬菜種植簡易記錄

白蘿蔔、玉米、秋葵、馬鈴薯、四季豆、蘿蔓、高麗菜、紅藜、胡蘿蔔、甜菜根、左手香

以下十種記錄了我種在菜園裡、順利自行長大的作物的栽種過程記錄，有的種一種也沒管它，就自己長大了。我都找些比較好種、不用搭棚子、初階者可以嘗試的作物。不過，這些種植方式只是依照我自己的經驗，不代表一定適用於每個區域或氣候唷！

最後一種左手香，則是種在頂樓或陽台就能生長、且好處多多的酵素製作分享！

白蘿蔔

耐旱、發芽之後就無後顧之憂

春天種會被啃光光！

種植步驟：

1 將土壤整平，於其上堆疊乾燥的雜草、鬼針草約二十五至三十公分厚、壓平後會略降五公分左右，再於其上鋪約十至十五公分厚的土壤。

2 表面再鋪上一層約十五公分厚的乾稻草，或也可用厚紙板代替。

3 約每三十乘三十公分挖三至五公分深的植穴，丟三、四顆後淺埋水澆透。

4 約四、五天後，種子冒出兩組對生葉就可疏苗。

如何採收：

◎白蘿蔔的頭部甚至上半身整個浮出表面便差不多可採收。

蔬菜小辭典

作物名稱：白蘿蔔、菜頭
科別：十字花科
播種季節：八至十一月
收成時間（無肥料添加）：早生種約一個半至二個月、常見中大型品種約三至四個月

◎將蘿蔔葉像綁馬尾那樣全部抓成一把，輕輕往上一拔便可。

◎白蘿蔔的葉柄根部帶小刺，記得戴手套再拔唷！

栽種感想：

只要挑對時間，白蘿蔔絕對是超好種的入門款，它為我帶來信心。

九月第一次種植，老實的將菜畦乾掉的鬼針草堆得夠高、表土也老實覆蓋上、再加上覆蓋物，使菜畦排水好、表面又可稍微保水，冒芽之後不必特別照顧，菜頭就會慢慢在土壤裡成形。

疏苗的時候，發現有些苗長得不錯，丟掉可惜，於是隨便找個邊邊角角埋下去，即使

1. 第一次採收的白蘿蔔，從生長到採收約一個半月。

2. 白蘿蔔的種子可以收起來風乾留種，待隔年秋天再種。

3. 連續雨天之後的第一個太陽天，導致白蘿蔔裸露的部份裂開。

偶爾不小心踩到，依舊照長不誤。

當白蘿蔔上半身浮出卻仍不夠大時，建議將裸露的部份再用土壤覆蓋。之前我就是沒有做到這個步驟，天氣變化大的時候，有些白蘿蔔會因突然的烈日高溫而裂開，還是可以吃，只是長相變得比較怪。

一開始不知道拔白蘿蔔要戴手套，徒手抓葉拔蘿蔔，拔了幾顆之後手指頭開始有刺麻感（感覺跟電療有點像），原本還以爲是碰到毛毛蟲什麼的，後來仔細研究葉子，才發現白蘿蔔的葉柄處是帶有小刺的，雖然不致於到刮傷的程度，但卻會讓手指頭維持一兩個小時微刺痛感。

今年一月，農友給我種剩的白蘿蔔種子，我試著播種，但季節已經不對，春季是紋白蝶的全盛時期，十字花科的白蘿蔔即使再怎麼健壯，長出的第一片對生葉還是慘遭啃蝕、自此奄奄一息，我最後索性把它們拔起當覆蓋物養分。種對季節很重要啊！

糯玉米

打破肥毒層的天然電鑽

〜太晚採收會被螞蟻搶佔〜

種植步驟：

1 種玉米的地方不能潮濕或積水。先將菜畦稍微潑濕，使土壤水份含量約七成左右。

2 把土壤挖約五至八公分深，每個穴丟一粒玉米再把土回填。畦面同一側的間距約二十五公分，農友說，玉米要種近一點比較可以互相授粉。

3 除非遇到雨天，不然最好每天都澆水，直到第二、三片葉子抽出。就可以視土壤乾濕狀況再澆。

如何採收：

◎不要用鐮刀，容易割傷玉米主莖、造成整株夭折。

◎輕抓玉米微微扳開，順時針轉幾下、再逆時針轉幾下，讓蒂頭與主莖脫離就可採下。

蔬菜小辭典

作物名稱：糯玉米
科別：禾本科
播種季節：全年皆可
收成時間（無肥料添加）：四個月

栽種感想：

第一次種下糯玉米，是種在菜園邊界處，想說種出一道界線。不過因爲邊界離水源太遠，我很少去澆它們，結果糯玉米就一直維持在膝蓋以下的高度，而且一副奄奄一息的樣子。

當時覺得這些玉米很不爭氣，別人都說隨便種隨便活，爲什麼我卻都種不好？受創了一陣子之後，決定重種。第二次是將玉米種子隨意灑在辛先生燒的草木灰堆中，沒想到，這次玉米長得好快，兩個星期就長到腰間、一個月之後就已經跟我一樣高了，也許是因爲正好吸收到草木灰的營養吧，我很快就採收到第一批糯玉米，雖然小小的但很鮮美好吃，也抹除了之前玉米種不活的陰影。我這才學到，玉米在剛開始發芽的階段，是需要常常澆水的！難怪之前在炎夏八月，兩三天只澆一小盆水是不夠的。

第三次種玉米，是因爲挖到土裡面約三十公分深之後，發現土壤變成硬梆梆的一層，是農田慣有的肥毒層，有朋友建議我種玉米。果然，糯玉米順利紮根、打破鬆化了肥毒層，雖然不像草木灰區的生長快速，但終究也結出了玉米讓我採收了。

被迫換菜園後，爲幫過貓遮西曬，我在過貓區旁邊種了兩排玉米。這時已是春天，幼蟲需要大量進食，許多玉米還在剛成形階段，就已經受到毛毛蟲的青睞，接著玉米鬚轉紅可採收時，螞蟻們又來湊熱鬧，螞蟻都會群聚在玉米蒂頭處，感覺好像在吸收玉米的甜汁液，把玉米蒂頭從葉子轉下時，螞蟻們就會一轟而散，跑到我的手上，我只好邊尖叫、邊找回剛被自己拋摔到遠方的玉米。

1. 種下約三個月之後，玉米已經長到跟人一樣高了。
2. 玉米頭頂開的是雄花，雄花的花粉會落到玉米「腋上」的鬚狀雌花，才會授粉結果。
3. 玉米若要大顆，就要一株只留一個，所以過程中可以摘下許多玉米筍來吃，玉米筍平常賣價很貴，有種賺到的感覺。

秋葵

種一次就可連續採收長達三個月

高溫早老、嚼如樹皮

種植步驟：

1 沿著菜畦，每五十至六十公分用小鏟子翻鬆直徑約八公分的土壤。

2 將一兩粒秋葵種子放入翻鬆後的區域後，澆水澆透。

3 待發芽之後，於莖部周圍覆蓋一圈乾草，保護土壤表面即可。

如何採收：

◎秋葵果實的蒂頭有小刺，摘的時候要戴手套，用鐮刀割下。

◎判斷是否太老，用指頭輕捏尾部，若尾部變硬則表示來不及吃了，可留種。

蔬菜小辭典

作物名稱：秋葵
科別：錦葵科
播種季節：理論上是三、四月及七、八月，但除了寒冬之外應該都還可以。秋天種的口感更甚春天
收成時間：在沒有任何施肥的狀況下，大約二個半至三個月

栽種感想：

從小看到餐桌上的秋葵，常是帶著黏稠透明汁液，總是以拒吃回絕老媽。直到與朋友去日式餐廳，因遊戲輸了被懲罰吃秋葵，才赫然發現它雖然有著難以下嚥的外表、卻有涼爽清潤的口感。

去年九月中旬，因緣際會拿到一小袋秋葵種子，農友都說這時候播種已經晚了，不過我還是憨憨的把它給種下去。約十月底，它才長到膝蓋的高度，就開始結果實。我看它結得如此完美，一直不忍心摘下，都超過十二公分了，農友說再不採就會變黃、老了不好吃，於是只好忍痛紛紛摘下。

吃秋葵最簡單的方式就是汆燙，整根丟入滾水中約不到半分鐘，看到秋葵變色就可以撈起，沾醬油吃就很美味！由於秋葵長大後，幾乎每片葉子都有腋生花，但開花期很短，運氣好才會恰巧看得到，我通常都只看到果實，而且還要夠大才會被發現。

自己種的秋葵美味讓我念茲再茲，隔年三月再度充滿期待的種下一排種子。五月中旬，不出意外的，有幾株秋葵已開花結果。

1. 也許是天氣變涼的關係，十月底、十一月初的秋葵果實可以長得又長又嫩。
2. 秋葵的花長得跟中喬木黃槿很像。花期只有數小時，上午開、下午凋謝。

我照上一季的模式，待秋葵長到十至十二公分左右再採，順利的採了八條回家打牙祭。大快朵頤之前，我還頗誠心的感謝菜園，讓我今年能夠第一批就採到這麼多條。沒想到一咬下去，秋葵立刻被牙縫卡住！外表看起來還綠綠嫩嫩的秋葵，口感竟然像是菜瓜布那樣老硬！如果是我的外婆吃到這樣的秋葵，上下兩排假牙早就從嘴裡脫出了，暗自慶幸自己有先試吃，沒有直接把秋葵帶回去給外婆嘗鮮，不然又被罵到臭頭。

經過這番體驗，我學到夏天的秋葵更快熟，而且由於較乾旱，澆水頻率要提高，通常結成果實第三、四天，大約長到大拇指的長度，就要捏捏秋葵尾部，若還是軟的就可以趕緊採來吃了！

馬鈴薯

復活節找彩蛋，菜園裡找馬鈴薯

吃到綠皮全身無力＋拉肚子

種植步驟：

1將發芽的馬鈴薯，順著芽點切成數塊，不能太小，體積跟摩斯漢堡的金黃薯條類似。

2將切口沾上草木灰或炭灰，可以防止傷口腐爛或被蟲吃。

3埋入土裡，之後隨著莖部長高需定期覆土，才不會讓馬鈴薯浮出土壤而變綠。

如何採收：

◎馬鈴薯收成時，就是它壽終正寢的時候。以根莖爲圓心，小馬鈴薯會呈放射狀長在圓周上。

◎輕柔的將整株拔起，小顆的會跟著被拔起來，但大顆的會留在土裡，用手到土裡挖找便可找到許多。

蔬菜小辭典

作物名稱：馬鈴薯
科別：茄科
播種季節：秋冬
收成時間：約三至四個月

栽種感想：

我戒吃馬鈴薯洋芋片已經三年了，但室友卻喜愛它綿密的口感。偶然在菜市場看到發芽、被貼上特價的馬鈴薯，於是決定買來種種看。

我稍微檢視一下，發現每顆馬鈴薯上面的芽點約有七、八個，而正在冒芽的則有三、五個，便順著芽點將整顆切成四、五個薯塊，再將薯塊丟到裝有炭灰的塑膠袋裡面攪撥、沾黏一下，當做切口的保護層。

種植馬鈴薯的菜畦，堆疊到約七十公分高，是菜園裡面的狹長丘陵，裡面還塞了一些朋友用不到轉送的廢棄松木板材（沒有添加任何化學物跟防腐劑）、以及隔壁種稻的阿伯給我的乾稻草。我把切好的馬鈴薯塊埋到菜畦內約十公分處，再把表土回填，並在最外面覆蓋乾稻草、澆水。

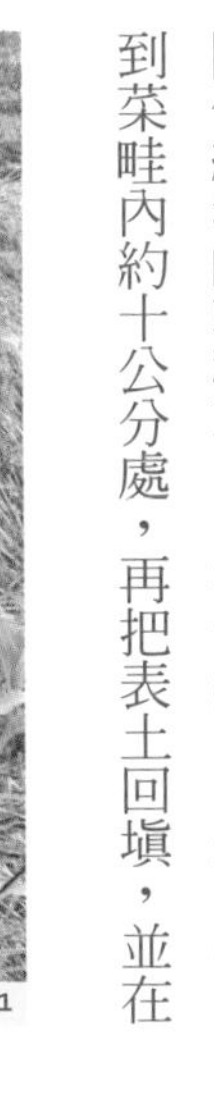

種下馬鈴薯塊的時間點是耶誕節前一天，兩週之後就看到馬鈴薯芽已經出土五公分了。接下來因為老天爺會定期下雨，我根本就沒去管它，直到三月底，大部分的馬鈴薯葉子都已經枯黃，表示可以採收了。怕傷到馬鈴薯，我盡量用手指挖，好在土壤在覆蓋物的保護下仍舊鬆軟，每株馬鈴薯的莖部，我都「摸」到七、八顆馬鈴薯，有大、有小，還記得那時候心臟砰砰跳，好像回到小時候，尋找媽媽藏在枕頭棉被裡的耶誕禮物那樣興奮！

在馬鈴薯成長過程中，我不知道要即時覆土，有些「浮」出表面的馬鈴薯局部被曬成綠皮，捨不得完全丟棄，便把綠色的部份切除、剩餘的照吃，結果餐後全身無力好一陣子，症狀就跟吃到味精一樣，看樣子應該是沒有清理乾淨，導致中了龍葵鹼的毒。之後看到綠一半的馬鈴薯，也只好忍痛當堆肥了！

3

2

1. 馬鈴薯的莖葉在小山菜畦上欣欣向榮的模樣。
2. 中間已經變成褐色的是原本切下來的馬鈴薯塊，它可以結出十來顆大大小小的新馬鈴薯。
3. 技術好的話，應該可以連根拔起「一串」馬鈴薯。
4. 用小火煎馬鈴薯塊，這樣就可以抵一餐囉！
5. 第一天採收的馬鈴薯，從拳頭大、掌心大、到酸梅大都有，綠色皮肉的部份要切除乾淨，吃到會中龍葵鹼的毒唷。

5

4

四季豆

種八至十株可採收好幾盤

連續雨天 沒有通風造成發霉

種植步驟：

1 用手指頭將土壤下插約五公分深。

2 每個植穴放入二、三顆四季豆種子，覆土後再將土壤壓平。

3 於四季豆長高到約二十至三十公分時，在旁邊插入約一公尺支柱，輔助它攀爬。

如何採收：

◎翻開四季豆下方的葉子，就可以找到成串的豆莢，用手直接摘下即可。

◎煮的時候要將四季豆兩端連粗絲一起剝下，用中大火快炒，熟了之後就可吃了。

蔬菜小辭典

作物名稱：四季豆、敏豆
科別：豆科
播種季節：十二至二月
收成時間：約一個半月至兩個月就可看到豆莢

栽種感想：

以前很喜歡買炸四季豆來吃，通常都是一包三十元，有次突然漲價到五十元，「沒辦法，最近雨下太久了！菜價上漲。」老闆娘這樣說。這種受制於人的感覺不舒服，有機會當然要自己種四季豆看看。

四季豆是少數不必搭棚架、只要用一根短棒支撐的蔓性作物，口感又脆又好處理，深得我心。

種了四季豆才發現原來它算是蠻嬌貴的作物，種子階段需要保持些微潮濕、卻要排水順暢，好在我的菜畦算高，不用擔心積水。埋下去之後幾天要持續澆水，直到開始結豆莢之後，又不能太潮濕、也必須引導莖葉攀爬支柱。如果拿人體來比喻，四季豆的豆莢喜歡結在腰部以下，如果沒有把它拉高固定在支柱上，就會有一大串都悶在葉子裡面，沒有通風跟陽光，很容易悶壞。

前幾批收成都很順利、四季豆也很好吃，但是最後一兩批的時候開始連續下雨五天，結果雨後再到菜園時，已經有一半的豆莢都已經悶到長霉了。不過整體來說成本還是低於外面的價格，收成一次就可以賺四盤，上天免費幫我澆水、幫我照顧，蟲又不太愛吃，最近剛好看到報紙「四季豆致癌農藥超標百倍」，蟲不太吃的四季豆、爲什麼還要灑農藥？能夠吃自己種的，便宜又無毒，絕對值回票價！

1. 一掀開四季豆的葉子，處處結豆累累，一株一次大概可以採到十來個豆莢。
2. 兩個月大的四季豆開花了。
3. 同一批採回家的四季豆，大概可以吃兩～三盤（一人份）。
4. 約兩週大的四季豆，已經需要立柱幫它支撐了。

4

高麗菜

梅花不畏寒，高麗菜不識蟲滋味

要等四個月才有得吃

種植步驟：

1每三十公分用手指插入土壤約三公分深、放三到四顆種子再覆土澆透。

2由於葉片有九成都是水份、根系在過度潮濕的土壤又會窒息，故用割下的雜草平鋪在高麗菜苗四周。

3每隔兩、三天抓一次蟲，順便澆水。

如何採收：

◎用鐮刀將整顆高麗菜結球割下，但可以留下一株高麗菜留種用。

蔬菜小辭典

作物名稱：高麗菜、甘藍
科別：十字花科
播種季節：早春、秋、冬
收成時間：不施肥的話，約四個月

栽種感想：

我常去遛狗的河濱公園，固定有幾個狗友會一起閒聊，其中有位大姊，依稀記得她小時家人種的高麗菜都跟棒球差不多，隨著年齡增長，市場賣的高麗菜越來越大。今日，在農藥與肥料的加持之下，高麗菜都沉甸甸的、跟安全帽差不多大！

在自己種之前，我一直以爲高麗菜是很脆弱的，要低溫、高山、肥料供應等。菜農說，如果不灑藥，甜甜的高麗菜就會被吃光、他們就沒有收成了。

但自己種了之後，發現高麗菜是有再生力量的，只要持續澆水，沒有灑農藥它的存活率還是很高的。一開始的確會被紋白蝶的幼蟲一再啃蝕，如果只有一兩隻，我會放著讓牠們吃，但如果發現一次有七八隻啃食時，我就會把大隻的抓掉，有時則會用水幫高麗菜沖一沖。

我發現只要定期抓個幾輪、稍微控制蟲的數量，只要蟲不要啃掉高麗菜厚實的葉脈（其實蟲兒也不愛啃葉脈），幫助高麗菜撐過最艱難的階段，它終究還是會結球的，只是必須用時間來換，久到讓人忘記它的存在。

由於我只種了兩株，可以花心思去照顧，但菜農若是大面積耕種，的確沒辦法抓蟲、幫高麗菜做復健。我試圖用混種的方式，在高麗菜旁邊種蔥，不知道是不是因爲蔥太小株，蟲兒根本不放在眼裡，待下次適種季節來臨，也許再試試看種一圈。

結球的高麗菜，雖然只有拳頭大小，但我已經很感激了，這樣正好可以煮成高麗菜一人份，葉子不像一般肥大的高麗菜那樣脆，要多嚼幾下，但也不至於到老硬的程度，淡淡的甜味在咀嚼的時候滲透到嘴裡，幸福而滿足的滋味啊！

1. 十二月底種下的高麗菜，到一月底時被啃到只剩葉脈。
2. 在飽受紋白蝶幼蟲凌虐的四個月後，高麗菜終於在五月初結球了。
3. 無添加肥料的高麗菜，外葉雖殘敗破爛，剝除後裡面倒是包心皜皜、潔白無瑕，結球體積約我的兩個掌心大。
4. 高麗菜葉炒松子與大蒜，好吃啦！

蘿蔓萵苣

不用擔心蟲吃、也不需常澆水的綠葉蔬菜

太潮濕的話葉子會爛掉

種植步驟：

1 將菜苗的大部分培養土撥掉，再種到土壤裡，莖部不要埋入太深，才不會悶住。

2 將水澆透之後，可稍微用覆蓋物蓋住周邊。

3 接下來若有下雨就不用管它，若很久沒下雨、葉子軟化再澆水。

如何採收：

◎摘取外圍成葉，可用鐮刀輕割，較不會傷害到主莖。

◎葉子拉高之後，會開花結種籽，種子成熟之後可將上段主莖割下，綁起來倒掛風乾留種。

蔬菜小辭典

作物名稱：蘿蔓萵苣
科別：菊科
播種季節：初春、秋、冬
收成時間：約兩個月

栽種感想：

萵苣類的菜種過兩種，一種是從種子就開始種的綠葉萵苣，體型較迷你，一次採摘型；另外一種則是從資材行買的蘿蔓萵苣，莖部較粗，可以剝葉子來吃，一路吃到它開花爲止。兩者都很好種。綠葉萵苣基本上就是把種子播種下去，有下雨就不用澆水、沒下雨則在周圍澆一圈，等一個月之後就可以收成了。

萵苣的特性似乎是不太愛潮濕。當初因爲很愛吃蘿蔓生菜沙拉，一時衝動買了二十株蘿蔓萵苣苗（一株幼苗二元，其實相較種子不太划算，但一時間找不到蘿蔓種子），剛好種的地方是在菜園中緊鄰水圳的一側，在

鄰田種稻期間，水圳都是積水的。萵苣似乎不愛潮濕，雖然菜畦本身沒有積水，但畦溝的積水也會被隆起的土壤吸收，有些蘿蔓敵不過濕氣，最外圈的葉菜就開始變爛，最後整株就爛萎了。

離水圳較遠的蘿蔓，則可順利成長，從菜苗種下後約兩週就可採收。我原本預期蘿蔓的長相，是又長又脆、可當生菜來吃的沙拉葉，不過也許是氣候或栽種方式不同，讓我種的蘿蔓葉較沒有堅挺、直立感，反而比較像大型A菜。不過，反正我也不敢生吃它，十來株採一圈又可以湊成一盤菜，隔一週又長出新葉，又可以再採一盤。種蘿蔓的另外一個好處就是，很少會有蟲來吃它，也不會看到有蟲待在葉子上。聽說萵苣類有益眼睛，雖然有點苦味，我倒是很樂於吃它。

1. 從資材行買的菜苗，培養土都含有高成分的化肥，宜先把部分培養土撥除再種下。
2. 兩個月左右，蘿蔓已經長大到可以開始吃葉子了。不必整株摘除，可以從外圍開始慢慢剝來吃。
3. 三月底、四月初，天氣變熱，準備開花的蘿蔓整個抽高，花序及種子結在最高點

紅藜

富含膳食纖維、促成膠原蛋白的超好種美容聖品

令人打瞌睡的篩食過程

種植步驟：

1 均勻灑在翻鬆的菜畦。
2 澆水。
3 翹二郎腿等候採收。

如何採收：

◎用鐮刀將頂端最長的果穗部分割下即可採收。
◎幼苗也可以連葉一起煮炒來吃，不過會帶點苦味，並不是人人都愛。

栽種感想：

紅藜種子是台東讀者送的禮物。體積很小，大概跟芝麻差不多大，是許多原住民族人的主食之一。根據農委會資料說，它的蛋白質含量是稻米二倍、膳食纖維是地瓜六倍，另外有高量離胺酸，可促進膠原蛋白合成等，似乎很神奇。我把寬約一．五公尺、長約六公尺的最邊緣菜畦拿來種紅藜，還貼心的在菜畦中間鋪層乾稻草當做覆蓋物，然後再於整塊菜畦上面均勻灑上紅藜種子。

我原以為在覆蓋物下發芽的紅藜幼苗會繞過覆蓋物、順利冒出頭來，但紅藜卻執意「直直長」，幼苗力氣若抵不過覆蓋物、就只能夭折。順利長大的紅藜於是多是在菜畦兩側，也就是覆蓋物沒有蓋到的地方。可見撒播型的微型種子，還是要等發芽到足夠的程度，疏苗之後，再將覆蓋物穿插在其中，

蔬菜小辭典

作物名稱：紅藜、台灣藜
科別：藜科
播種季節：十二至二月播種，生長期長、但果穗量較多。五至九月播種，生長期短，但果穗量約為冬春播種的一半
收成時間：約三至四個月

1. 一串果穗裡，同時有黃、桃紅、紫紅等胞果的顏色。
2. 豔麗的紅藜果穗，因為果穗太硬不能直接吃，必須粒粒扯下。
3. 將小米、松子、紅藜與白米混在一起蒸，變成一碗好吃的白米飯。
4. 被扯下的粒粒胞果集中後，再混入泡好的白米中、放入電子鍋一起蒸熟。

較不會抑制它們生長。

紅藜似乎頗耐旱也耐濕（但不能積水），年初種下之後，四個月內長高到一公尺多。聽說在比較沒有強風的地方，紅藜甚至高達三公尺！

我一月底種下紅藜，到五月初的時候，果穗串串豔麗，有桃紅、紫紅、鵝黃色等，在微風中搖擺著，農友們很少看過這種作物，都紛紛問我這可以吃嗎？我將採收下來的紅藜果穗分成兩部分，一種是直接吃新鮮的果穗、另外一種是先風乾之後再取種子留種做下一批。果穗不能直接吃，纖維太硬，必須用手指將粒粒胞果從穗上輕扯下來，繁瑣重複的動作還真容易讓人嘎咕！胞果混在白米飯之間，再用電子鍋蒸熟，吃的時候嘴裡會嚐到淡淡的青草味，但口感無特別誘人之處，不過心想到它這麼有營養價值，就當做白米飯的夥伴一併吞下肚吧！

胡蘿蔔

指頭般大的胡蘿蔔，吃出淡淡蔘甜味

小心蟻出沒，種子搬光光

種植步驟：

1 將胡蘿蔔種子灑在翻過、較無螞蟻出沒的菜畦上。

2 由於種子非常輕，不建議用水管直接在菜畦上噴水，最好用有灑水頭的澆花器輕輕澆。

3 發芽之後，較密集的部分可以疏苗，讓每個胡蘿蔔都有機會長大

4 若想要採種，也可以留下四、五株，待八、九個月之後，才會開花結種子。

如何採收：

◎通常是拔葉子就可以連根拔起，但有時候葉子會在蒂頭處斷掉，這時只好小心翼翼的延著蘿蔔頭周邊挖，到手指頭可以抓住蘿蔔頭，輕輕搖晃、轉動，應該就可以整條取出。

蔬菜小辭典

作物名稱：胡蘿蔔、紅蘿蔔
科別：繖形花科
播種季節：全年都可，秋冬最佳
收成時間：無施肥約四個月可收成

栽種感想：

透過自己種植的經驗，我從不敢吃、到愛上吃胡蘿蔔！從以前到現在，無論是家裡還是餐廳裡的胡蘿蔔，總覺得它有一股刺鼻的腥味，無法入口。

朋友給了我一袋胡蘿蔔種子，第一次，我是小心翼翼的用「點播」的方式，耗費兩個小時，一個植穴放入兩三顆渺小的胡蘿蔔種子，可是當我回頭仔細檢查時，發現螞蟻們正把胡蘿蔔種子當成背包般輕易扛起、搬運，當場眞是一陣昏眩啊。

我再用育苗的方式，先將胡蘿蔔放在苗盆裡面，待發芽之後再移轉到菜畦中，但胡蘿蔔不容易發芽，泡了一週多才略微發芽，緊接著又因光線不足而徒長，移植到土壤裡面的過程，因兩手駑頓讓許多幼苗直接夭折。後來才知道胡蘿蔔是不鼓勵育苗移植的，這樣長大的胡蘿蔔尾端會裂開、像人蔘那樣。

換到第二塊地時，我已經心冷，原本不打算再種，就隨便把剩餘的胡蘿蔔種子「撒播」在其中一區翻過的菜畦，直到眼尖路人發現菜畦出現胡蘿蔔如羽毛般的葉子，我才知道「無心插柳柳成蔭」，它們竟然順利發芽長葉了！也許是因爲剛翻過的菜畦比較沒有螞蟻出沒吧？種子竟然沒有被吃光呢！

四個多月後，陸續拔起來吃。由於沒灑肥，我的胡蘿蔔比一般市售還要瘦小許多，但是煮起來有股淡淡人蔘甜味，深得我心！爲了那股淡雅的甜味，我改變煮法，將湯或水先滾開後、再將整根胡蘿蔔燙半分鐘就撈起，待涼了就可以直接啃了，眞是享受啊！

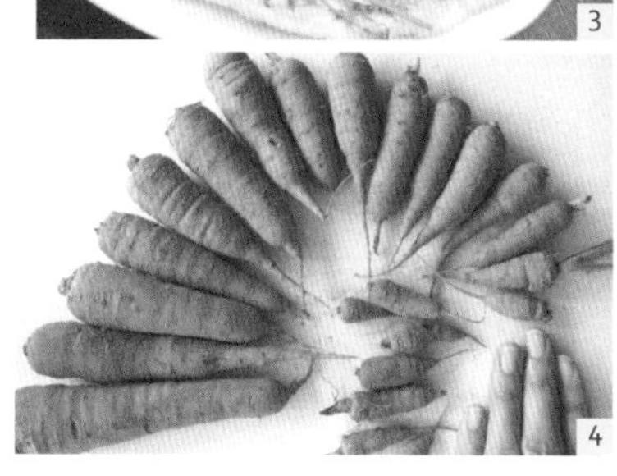

1. 撒播一個多月後，原本隱身在菜畦裡的胡蘿蔔幼苗，漸漸高過周遭的野草，露出羽毛般的葉子。
2. 第一次幫胡蘿蔔疏苗，連最迷你的都捨不得丟，帶回來吃。
3. 胡蘿蔔葉配煎蛋，味道清雅通鼻。
4. 自己種的胡蘿蔔，體積跟手指頭差不多，但是沒有腥味，超好吃。

甜菜根

葉子與球根都可以吃的健康好物

應種在日照充足、排水良好的地方

種植步驟：

1用點播的方式，一穴一、兩顆種子，間隔約二十公分。

2發芽成幼苗後，可以進行疏苗，苗可種到他處。

3需定期澆水。可待土壤表面乾燥之後再澆。

如何採收：

◎直接拔起、全株可食。

栽種感想：

第一次與甜菜根接觸是在果汁店，因為好奇如此紅豔的果汁口感如何？於是點了一杯甜菜根現打果汁來喝，還有一股清鮮甘甜味，對我來說很好喝，後來才知道那就是所謂別人嫌棄的「土味」。果汁店的老闆看我愛喝，便解釋說甜菜根可以幫助肝臟抗氧化、也可降低膽固醇，而塊根所含的甜菜鹼，是其他蔬菜所沒有的，可以幫助調節新陳代謝。

有了菜園後，一直想種，但找不到購買的來源，後來是直接從網路上購得甜菜根的種子，於十二月左右種下，當時已經有點太晚了，不過還是順利發芽、長葉子。我發現種在菜畦高處結出來的塊根會比種在低窪處來得大，經農友說明才知道，甜菜根的個性有點挑，不但要有日照、排水佳，還要定期

蔬菜小辭典

作物名稱：甜菜根、根忝菜
科別：藜科
播種季節：十至十一月為最佳季節，不過十二月種也還長得不錯
收成時間：約二至二個半月

澆水，菜畦高處正好符合這樣的條件，低窪處若積水太過，就不容易長大。偏偏這次我大多種在低窪處，沒有充足日照又有些微潮濕，所以甜菜根長得不大顆。

在甜菜根成長期間，葉子也可以採來吃，葉子可與松子一起炒食，味道有淡淡的土味，炒出來的菜湯帶點紅色，很好吃。甜菜根的採收，可藉由它第一輪長出來的葉子判斷，當最外圈葉子出現枯萎的狀態、而且看到甜菜根的頭已經微微浮出土壤表面，表示養分可能開始留滯在塊根處，就可以先採摘一兩顆來看狀況。我採收的甜菜根體積都很小，最大的約直徑五公分吧，不過多採一些，就可以炒成一盤菜、塊根也可以煮湯，頗有一舉兩得的快感！

1. 等到甜菜根的塊根「探出頭來」，就可以考慮採收了。
2. 葉子可以炒、塊根可以煮湯，真是一舉兩得的好作物。
3. 甜菜根塊根切開後，手會被染紅，橫切面有點像是年輪，把表皮削掉，果肉生吃，有股甘甜的「根味」。
4. 不像胡蘿蔔會「斷頭」，甜菜根非常好拔。

左手香

製作蜜糖感的消炎酵素

太容易製作了，難以失敗！

種植步驟：

1 將左手香枝條放入水中約三、四天。

2 待根部發出細根後、扦插至土壤裡。因左手香耐旱，扦插之後不需澆水。

3 觀察數天、若發現葉子有稍微枯萎現象再一次澆足。

如何採收：

◎取成熟葉子做成飲料、酵素或香料包。

◎可用剪刀直接剪下成熟的葉子即可。

如何製作酵素：

1 在製作酵素的前一天，先將種在土壤裡的左手香用水沖淨、並讓它們自然乾燥。

2 保持兩手乾燥、並將乾淨的左手香葉子採集下來，過程中不要沾到水份。

3 將左手香（可切碎或直接放入）與二號砂糖以一比一等重的方式放到玻璃罐裡。

4 隔天開始，每隔一兩天就用木杓或竹筷均勻攪拌，不可用鐵製品攪拌。

5 大約十天之後，左手香發酵即完成，過濾後即爲左手香酵素。（若超過兩週至一個月，會進入到下一個製程，產生明顯的香蕉水般的刺鼻味，不宜食用。）

6 要搭配開水喝，以免過甜，合適的比例：酵素：水約一：八。

蔬菜小辭典

作物名稱：左手香、到手香

科別：唇型花科

播種季節：適合春、秋扦插

收成時間：待枝葉開始展開、即可依照需求採收，需定期摘心以促進分枝

栽種感想：

可以拿來做成飲品的香草植物左手香，隨便插就隨便活、淺綠葉面質感厚實、又帶有薄荷般的香氣，眞是相見恨晚！

上班族農友雪霞，分了些自己做的左手香酵素給我，並告訴我左手香本身具有抑制小小傷口的發炎等功效（但若濫用也可能造成感染及傷口潰爛），左手香酵素喝起來帶點蜜香味，我喝的時候牙齦正發炎酸痛，結果喝了之後竟然就不酸了（當然隔天還是要乖乖去看牙齒）！

驚訝之餘，雪霞鼓勵我自己做做看，製作過程完全改變了我對「酵素是酸的」、「做酵素很費工」的既定印象。

雪霞是在自家頂樓種的，除了葉子之外，她也分我許多枝條，「直接插到土裡、直到它的葉子看起來快枯死了再澆水。在乾燥高溫的環境，它活得越好！」實在深得我心，不用花心思照顧的作物最棒了！

將左手香與等重的二號砂糖放在玻璃瓶中，隔了一夜，葉子往下沉，水份似乎被砂糖吸去不少，接下來一週，每隔兩、三天就用乾燥的竹筷或木杓（不可用鐵製）在瓶中攪拌幾下、讓葉子能夠平均發酵。雪霞說十天左右就可以過濾來喝了，不過爲了確保發酵完整，我是等到兩週之後才過濾來喝，放了五百克的左手香與五百克的二砂，過濾出來的酵素竟也只有三百克！眞是不敷成本！將之與開水以一比八混合，葉子本身的薄荷味消失了，口感不錯，就像加了蜂蜜那樣！

除了喝之外，我也把左手香酵素與自來水以一比一混合，當做淨身用的小幫手。將酵素沾濕在鼻頭兩側的鼻角，數到十再洗掉，大幅減少了鼻角粉刺跟小囊腫的機率。洗澡沖水前，把酵素滴在容易有汗臭味的腋下，數到二十再洗掉，隔天到菜園汗水淋漓竟也沒汗臭味。朋友急性支氣管炎一陣子，喉嚨發癢，我分些左手香酵素給他喝，結果他大讚有效（但也有可能是搭配西藥的關係），它到底還有哪些本領？持續測試中！

1. 採摘下乾淨且沒有沾濕的左手香葉子
2. 切碎或者直接放入玻璃瓶中
3. 將等重的二號砂糖放在左手香葉子上
4. 將蓋子與瓶口之間用棉布當透氣的緩衝
5. 原本滿滿一瓶的左手香，發酵後只剩約 1/5，過濾掉葉渣之後所剩無幾。
6. 用塑膠漏斗跟濾紙過濾酵素到小玻璃瓶中，以便大玻璃瓶重複使用。

【野菜篇】

路邊的野花採來吃

如果菜園都是可以吃的野菜！

由於我個性是屬於懶散型，很多事情都只想找最省事的方式來做，看著我所播種的許多蔬菜都被蟲蟲青睞，而旁邊的野草卻通常沒事（只發現了大約百分之一的野草有被蟲吃的痕跡），詹武龍老師便說，蟲只吃不健康的蔬菜，因爲不健康的蔬菜會散發著一種「來吃我吧！」的氣味訊息。

每次散步於田間、公園、或者市民農園，都會看到許多野草的蹤跡，這些野草看起來吃相都不錯啊，爲什麼人們不乾脆種野草、野菜就好，反而種一堆嬌嫩又不健康的蔬菜，然後做一堆防蟲防病措施呢？看看其他農友花很多功夫搭網子防紋白蝶幼蟲，我才不要呢，那樣超牙給（台語）的！

於是我冒出了一個靈感，想要找出可以吃、好吃、而且是生命力強的野菜，這樣根本就不需要照顧，它們自己就會長得很好，我只要負責在他們最可口的時節採收就好了！

試吃野草的想法醞釀了很久，爲了保全性命，不要吃錯拉肚子，我還爲此買了兩本野草、野菜圖鑑，不過都沒有眞正去試吃，直到有天看著陳阿伯休耕的田裡種著所謂的綠肥作物，既然是綠肥，也就不用花錢去噴農藥與灑化肥，相對安全，看起來又似乎蠻清脆可口。

1. 在中北部的一些休耕田可以看到一整片的埃及三葉草。
2. 將割下的埃及三葉草帶回家、暫時浸泡在水盆裡。
3. 這個「百」字可是辛苦嚼出來的，因為埃及三葉草的纖維好多，每一口都要嚼超過一百下！！

野菜小辭典

野菜名：埃及三葉草 Berseem Clover

口感評分：★★★☆☆

優點：清脆多汁、帶有茴香味與清淡的甜味。

缺點：纖維質太多，要嚼百下。

說明：為豆科菽草屬，因為具有固氮能力，三出複葉、葉子呈長卵型，於一九六〇年代就被引進台灣，因為適合的溫度在一至二十五度左右，被推薦為中北部冬季轉春季時的休耕固氮綠肥，也有人因為它的多汁及口感，推薦為牛隻的食草。

生長與開花：十一、十二月播種，十二至五月生長，花期二至五月（不過通常在二月插秧之前就會被捲入田土裡）。

常見地點：中北部的平原田野之間。

採集地點：竹北市鳳岡路田裡。

注意：若要嘗試，請評估個人體質及野菜地點是否乾淨。

路邊的野花採來吃之1：埃及三葉草

我詢問阿伯種的是什麼，他回答：「我也不知道，這是公家提供的種子，說是冬天休耕時候當綠肥用的，好像叫做三葉草。」三葉草不就是幸運草的另外一個稱呼嗎？我納悶。其實我問了阿伯田裡許多常見的野草，他總是一問三不知，雖然他已經在這塊田種了半世紀了，但他只在乎稻子吧。

查詢了網路上三葉草的資料，發現它的全名原來是「埃及三葉草」，是三十多年前政府引進的綠肥兼牧草，現在已經在中、北部田野歸化成野草，也成了我即將試吃的對象。

既然是牛豬可以吃的牧草，那人應該也可以吃囉？！我割了一大束回家，先泡在洗菜盆中浸水，非常忐忑的用英文名稱 berseem clover 查詢國外網站，看看是否有人把它當成沙拉食用？

如果連勇敢的外國人都敢生吃了，那炒來吃又算什麼？結果，九成以上的資料都是在討論它跟牛之間的關係，直到看到一個老外在自家創造可食花園（edible garden），也把三葉草列入他的種植及生食項目（不過沒有記錄如何吃它的文章），我才稍微放心。

好吧，也許我會成爲國內第一個吃下埃及三葉草的人？我稍微檢視一下清洗過的埃及三葉草，沒有蟲，然後把它們切成一段一段的，就跟切一般蔬菜一樣，爆蒜之後把菜下鍋炒、加鹽、完成。

端上桌後，我默默祈禱，希望吃下肚之後，我還活著、腸胃沒事。我先夾一小口來吃，嗯……原本眉頭深鎖、已經有遇到不測的心理準備的我，隨著嘴巴的咀嚼開始放鬆心情、眼睛爲之一亮！竟然完全沒有野菜會有的苦味呢！反而有甘甜好滋味！它的莖空心且多汁，咬下去的口感像空心菜，嚐起來的味道就像炒茴香、有股淡淡的八角味！

只是……這菜好耐嚼喔……每一口都要嚼個半天，嚼到我不停翻白眼、覺得無聊至極，嚼到恍神了，還是沒到吞嚥的地步，後來索性數咀嚼的次數，結果竟超過一百下，而且粗粗的纖維質還吞不下去，每一口都會嚼出一小團綠色的菜渣。我把每一球菜渣拼成「百」字，因爲它們都是嚼過百下之後的產物。

難怪人家只把它歸類成牧草、說是給牛吃的，難怪農夫們都把它當綠肥。吃完這道菜的隔天，身心狀態都十分良好，可能是纖維質吃太多的關係，新陳代謝更好，但還沒到脹氣拉肚子的程度，首次嚐野菜的實驗，安全過關！

野菜小辭典

野菜名：小葉藜 Goosefoot、Lamb-Quarters
口感評分：★★★☆☆
優點：到處都有、造型佳，可吃又可觀賞。
缺點：帶點苦味、挑葉麻煩。
說明：傳統稱之為狗尿菜，原產自歐洲等溫寒帶國家。通常在十、十一月的時候開始長出幼苗，到隔年二、三月的時候會長到約四十至五十公分高，並開花結果，約清明節（天氣變熱）之後就進入休眠期。建議吃幼苗、苦味比較不會這麼重，採的時候可用剪刀剪其上半段，使其下半段可以再繼續生長、或者讓其根系成為土壤中的養分。
生長與開花：二月之後持續開花。
常見地點：中北部的田野、荒地裡。
採集地點：竹北市興隆路堤防外農地。
注意：若要嘗試，請評估個人體質及野菜地點是否無重度污染。

路邊的野花採來吃之2：小葉藜

第一次試吃野草算是蠻順利的，雖然纖維質多，但口味很順口，讓我充滿信心。

隔天我決定嘗試另外一種野草，它長得很可愛，葉子以多角形的方式生長，從正上方俯瞰，很像雪花結晶的放大。每片葉子都覆蓋著薄薄的絨毛，有些葉子的背面帶點紅色，它們在秋天之後開始在我的菜園大量出現，聽說春天過後它就會進入休眠期、並不會跟稻米搶奪養分、也不致於使農夫討厭他們。

從竹北的鳳山溪、頭前溪的荒地或田邊，到豐原神岡的單車步道旁，都看得到它的身影。我始終不知道它叫什麼名字、能不能吃，問了隔壁種了六十多年稻米的陳伯伯，他也不知道能不能吃、只說這是很常見的野草，也許它真的是常見到爆，所以連續翻了兩本野草、可食用野菜圖鑑也沒翻到它的身影，讓我有種普遍過度而變神祕的感覺。

終於，一次在查詢其他種類的野草時，瞥

1. 隨著天氣越來越熱，小葉藜的部份花穗及葉子開始轉紅，過清明節後它會暫時跟大家說拜拜。
2. 從上方看小葉藜，很像雪花結晶。
3. 採集下來的小葉藜，花穗很脆弱，洗一洗就掉了一堆。
4. 用油與蒜炒出來的小葉藜，口感先甘後苦。
5. 小葉藜的嫩莖，即使是炒熟了還是像竹籤那般死硬，難以下嚥，我學到在挑菜時就要把嫩莖去除。

見它的名字，直覺就是這神祕草的本尊，點進去果然就是！太開心了，我繼續在網頁中翻查，發現它可以吃，甚至有些鄉間餐廳把它當成野菜炒給人客吃。小葉藜在民間俗稱爲「狗尿菜」，意思是說它超會繁衍生長、連狗隨地灑一泡尿都可以孕育出一株小葉藜，算是一種嘲諷吧，不過也因如此，深受不少農家長輩的青睞。

後來我依它的英文名稱查詢，發現一位專門「打野蔬食」的美國人Steve Brill曾說，「如果你一開始只認識幾種野菜，那麼小葉藜這個遍布世界各地、容易辨識、好吃、營養又幾乎全年生長的植物，應該列入第一個嘗試清單。」

老實說，可能是因爲個人覺得它長得很可愛，所以第一次吃它時反而感到失望。第一次吃它，因爲不知道怎麼吃，就直接把鐮刀割下的每一個枝條都切成一段一段，結果吃的時候發現，這麼可愛的菜，莖怎麼這麼死硬，像是在吃竹籤一樣！

到最後，我就像在吃串烤一樣，咬住小葉藜的莖，然後往後拉，把它的嫩葉跟花穗吃掉，這樣其實還蠻費時的。至於它的葉子跟花穗，口感也很奇特，先是甜甜的，然後嚼著嚼著，後面就帶有一種微微的澀味。

經過這次的吃竹籤洗禮，私下覺得它面目可愛口感可憎，於是我有點對它興趣缺缺。過沒幾週意外發現國外有人直接把它生打成青醬汁，抹在土司上面吃！於是我又回頭以「狗尿菜」搜尋國內網誌，結果發現大家挑菜的方式，都是先把所有的莖剔除，只留下葉子與花穗來吃，這樣的確就不會吃到竹籤般的莖了。只是這樣慢慢挑，眞的好累喔！

我隔天再去採集，並且按表操課的挑掉莖，果然，若只吃葉子、不吃莖及花穗的話，味道就更順口、苦味變淡了，對於怕吃苦的我來說，這也算是好消息吧！

野菜小辭典

野菜名：龍葵 Black Nightshade
口感評分：★★★☆☆
優點：挑葉簡單容易、可炒可煮湯。
缺點：帶苦味、青綠色果實有毒。
說明：相較於只能在地面荒野生長的鬼針草，一年生的草本植物龍葵的優勢是有可口的果實，可以吸引許多鳥兒吃它，再藉由鳥兒帶到許多垂直向度的綠地，像是頂樓花園、陽台花盆。耐濕耐旱、但莖部的深根能力有限，常常一拔就起、根不帶土，故於平面土地無法如鬼針草般的強勢。嫩葉及幼苗需熟食，可煮湯、炒，成熟的紫色果實可以直接食用。
生長與開花：全年開花結果。
常見地點：有土壤、有陽光的地方。
採集地點：竹北鳳岡田。
注意：若要嘗試，請評估個人體質及野菜地點是否無重度污染。

1. 採摘下來的龍葵嫩葉近照。
2. 龍葵炒麻油薑末。
3. 陽台外的龍葵持續結果，但紫色的成熟果實永遠被早起的麻雀跟白頭翁吃光。
4. 在田裡、陽台及馬路邊都見出沒蹤跡的龍葵。

路邊的野花採來吃之3：龍葵

與龍葵的初次邂逅是在兩年前，無意間發現它在我陽台的花盆裡日漸茁壯，我拍下它的長相、在網路上發問才得到解答，也才知道它十分容易透過鳥兒傳播。網友也說，龍葵可以煮來吃，配小魚乾剛剛好，不過他也補充說，會有點苦味。

當時花盆裡只有一小株，加上已經有人告知會苦，當然能夠避免就避免吃到。在農會幫我換了第二塊已經翻過的地之後一兩週內，龍葵與小葉藜如雨後春筍般從土裡冒出，盛況僅次於鬼針草。當時我什麼菜都還沒能收成，吃完需要挑掉枝條的小葉藜之後，我猜想龍葵應該不至於這麼麻煩吧。

同樣的，在吃它之前，我還是盡量查詢許多資料，確認能不能吃。龍葵唯一不能吃的部份，應該就是未成熟時的綠色果實，因爲龍葵跟馬鈴薯、番茄、茄子一樣，都屬於茄科植物，未成熟果實含有較高濃度的龍葵鹼（或稱茄鹼）。爲確保安全，我只挑龍葵的幼苗、或者成株的嫩葉部分，花、果實、較老的葉子一律避開。記得，就算是這些嫩葉、幼苗，一樣必須煮熟了才能吃，生食的話一樣會中毒唷！

採它的時候，隔壁的農友阿姨問我，在採收什麼菜？我把龍葵高舉給她看，她看了忍不住笑出來，用不可思議的口吻問我：「妳還特別種黑甜仔菜？！」跟我鄰近的農友大多擔心我的野草、蟲會進攻到他們那井然有序、乾淨整齊的菜畦裡，而且我對他們而言應該是「無可救藥的都市年輕人」吧，不願意嘗試他們提供的農藥及化肥配方，而且還種些莫名其妙的菜，自從上次她問我在種什麼，我回答她「昭和草」（山茼蒿，在山區很常見）之後，她就覺得我腦袋怪怪的，所以才會聯想到龍葵也是我特意種的。

「沒有啦，這次是鳥兒們幫我種的唷！」阿桑聽了哈哈大笑，可能同時也慶幸我還有正常的一面。不過我還是讓田裡保留大量的龍葵，尤其是快要結果、或者已經開始在結果的，因爲鳥兒會來吃，當鳥兒來吃的時候，也許就會順便吃吃在附近出沒的蟲蟲，這讓我想到，下次種高麗菜的時候，也許可以刻意把龍葵圍繞高麗菜一圈，說不定會比種蔥效果還更好（我在高麗菜的旁邊上風處種蔥，但對紋白蝶及夜盜蟲好像沒有什麼作用）。

我沒有小魚乾可以配龍葵煮湯，所以改用麻油跟薑末炒成一盤菜，網路上有人說可以先氽燙過之後再吃，苦味就會去掉，但這樣不就等於還要先花時間花精力煮滾一鍋水，而這鍋水只負責把龍葵燙個幾秒就又倒掉了？對我來說很麻煩，於是直接炒了，一大包辛苦採的嫩葉幼苗在高熱下很快就萎縮成一小盤，第一口、第二口，果然有吃中藥的感覺，一股淡淡但難以忽視的苦味，有些人可能喜歡，但我不愛，但是第三口之後漸漸習慣這口味，反應就不會這麼大，最終還是眉頭小皺的默默把它吃了，但下次要吃它就要看機緣了！

野菜小辭典

野菜名：大花咸豐草、鬼針草 Spanish Needle、Bidens
口感評分：★★★☆
優點：挑葉簡單容易，可炒可煮湯，花朵可吃可點綴。
缺點：生命力太強健，一不小心就佔地為王。
說明：鬼針草主要吃的是它的嫩葉。根則是煮青草茶的材料之一，除了它的針狀種子之外。它屬於菊科，喜歡在陽光充足的地方生長，根據我觀察得來的印象，它的根具有蔓生性，一旦木質化（翅膀長硬）之後，就會開始呈現匍匐蔓生的現象，此時若不連根拔除就無法杜絕，不過如果要當未來的覆蓋物，則不必完全杜絕。
生長與開花：全年生長、開花結籽的一年生草本。
常見地點：有土壤、無遮蔭的日照處。
採集地點：竹北鳳岡田。
注意：若要嘗試，請評估個人體質及野菜地點是否無重度污染。

1. 鬼針草的葉子通常是對稱的三出鋸齒葉。
2. 麵快煮熟之際，將鬼針草放入滾水裡面，一下子就煮熟了。
3. 鬼針草放射狀的生長方式非常強勢，常遮住其他雜草的陽光，進而獨霸一方。

路邊的野花採來吃之4：鬼針草

雖然還不到世仇程度，但我對鬼針草的怨念曾經大過菜園的其它植物。即使鬼針草還只在幼苗階段，我還是會毫不手軟拔掉它，它似乎永遠都長不完，明明田埂間、閒置的荒地已經長了很多，它們還是毫不客氣的入侵他人的菜畦，我通常把它們連根拔起之後就原地倒放，天氣潮濕擔心它會顛倒長根、我會把它倒卡在較高的作物枝葉上風乾。

鬼針草愛到處長也就算了，偏偏很喜歡搶陽光，像龍葵、火炭母草、昭和草等，都是垂直向上生長的，但鬼針草從幼苗時期的

第一節開始，就會分岔出三根分支，一支向上、兩支向左右伸展成傘狀，很快就遮掉其它雜草的幼苗，對它們只覺得除之而後快。不過雖然它們貪婪蔓延的個性令人討厭，隨著氣候變遷，當其它植物花期不穩甚至不開花時，鬼針草成爲蜜蜂與蜂農的救命恩人，這點功不可沒。

之前在台東，達悟族人飛魚跟我說，鬼針草花朵可以吃。當時我從未有吃野菜的概念，所以當我吃下第一朵、非常清淡略帶甜味（應該是花蕊部位產生的甜味）的鬼針草花，內心實際上是非常悸動的，原來「路邊的野花可以採來吃！」

吃完龍葵後，還是得輪到吃這個仇家。與龍葵一樣，鬼針草只有幼苗、嫩葉部份較適合炒或煮湯。（許多老人家會特別去找莖部已經木質化的成株，連根拔起洗淨後，丟到大鐵桶裡面煮，變成清爽潤喉的青草茶。）

第一次煮鬼針草，我擔心會像龍葵那樣有苦味，這天剛好煮麵，於是就把一小束鬼針草丟到煮麵的滾水裡，待熟了之後立即撈起。已經連續被龍葵跟小葉藜苦過兩次，我帶著怕又被「苦」到的恐懼，夾起一小口咀嚼，咦……「還蠻好吃的耶，這眞的是鬼針草嗎？我的宿敵？」鬼針草不但不苦，還帶有一點點爽口的甘甜味，我很快就後悔煮的量不夠，隔天又在田裡採了一大包，放在冰箱的保鮮盒裡，用它來配蛋花湯、小魚干湯都不錯。

不只拿來煮湯，我也用它來泡茶。只要取兩小段丟到杯底，再沖熱水就可以喝了，因爲是新鮮葉子，所以泡熱水會帶有草味，如果不喜歡，建議曬乾再泡。

我開始幻想著是否要把幾根鬼針種在室內花盆裡，隨時採來吃，嗯，但如果造成室內生態浩劫就不得了了，我還是暫時先把這個想法擱置好了。鬼針草出乎意料的可口、多樣化的煮法又很適合懶人我，它沒有太多纖維、不苦，我覺得我跟鬼針草的恩怨似乎已經化掉一大半了！

野菜小辭典

野菜名：假吐金菊
口感評分：★★★★
優點：帶有人蔘或牛蒡的甜味，又柔嫩，魅力無法擋！
缺點：量少、一盤要採集一坪大之多、只有冬季與初春時節才有。
說明：同樣是菊科，假吐金菊就比鬼針草弱勢多了。不但很難佔地為王，也會挑生長地點。要採集假吐金菊，就要趁它還沒出現黃葉的時候，是最好吃的唷！
生長與開花：秋末開始看到芳蹤，直至初春。
常見地點：稍微遮蔭跟濕氣的日照處。
採集地點：竹北鳳岡田。
注意：若要嘗試，請評估個人體質及野菜地點是否無重度污染。

1. 假吐金菊喜歡長在其它野草之間，有點遮蔭、潮濕的區域長得最好。
2. 假吐金菊的葉子長得跟香菜很像，全株可食。
3. 最簡單的煮法，假吐金菊炒蛋，吃的時候人蔘味撲鼻，又香又好嚼！
4. 假吐金菊的花序結成實，呈圓形蓬鬆狀，壓下去還會回彈，很像可愛的按鈕。

路邊的野花採來吃之5：假吐金菊

秋天時節，我陸續在菜園中看到疑似香菜、但又長得比較矮小的野草。葉子就跟香菜一樣，薄薄的、柔軟、嫩綠，越到冬天它長得越多，讓整個菜園變成綠油油、變成一塊塊的綠色小草皮，非常夢幻。

一開始我不知道這是什麼野草，詢問了周邊年長的農友，大家都不知道，只知道這是「一到冬天長一堆的討厭野草」，我只好利用它的特徵作爲關鍵字，用網路搜索比對，翻找了近百筆野草照片之後，才知道它的芳名是假吐金菊。它不但沒有毒，還全株可食，網路上大多把它當成配菜，搭配魚肉、羊肉炒來吃，故又有人稱之爲山芫荽。

平常在家極少吃肉，就把假吐金菊跟蛋一起炒，原本蓬鬆的葉子在高溫下很快就萎縮變成小小一盤，還好我已經先把蛋炒熟再放菜，趁它還沒焦掉之前就停火。

在試吃過四道野菜之後，我已經沒有那麼害怕中毒，只是怕不好吃。像是龍葵，網路上的普遍評語都不錯，但對我來說就覺得太苦，所以對假吐金菊的評語「野菜中的珍品」，我還抱持著懷疑態度，不過當我吃下第一口，懷疑就煙消雲散……「嗯，這是野菜嗎？這是什麼美好滋味啊？好像在吃人蔘菜唷！」假吐金菊炒起來有一股清爽淡淡的人蔘味，一聞到就失去一半的戒心，咀嚼幾次，人蔘、牛蒡混和的甜味就在口中釋出，眞是太驚豔了！如果讓整個菜園都長滿假吐金菊，那就可以大快朵頤了，可惜假吐金菊並不強勢，只能長在其它野草之間、稍微遮蔽之處，若要它們自己直接長在日光直射的菜畦上，薄薄的羽狀葉應該很快就焦了。於是，直到春天快結束，假吐金菊就一直陪伴我，不論炒蛋、或者搭配別的青菜、或者煮湯，我總是丟個一兩株下去，讓它的香氣撫慰我的嗅覺。到了四、五月，假吐金菊開始乾枯休眠，只能期待下一個冬天的相遇了！

4

【殘菜篇】

蔬菜的生命故事

殘菜教會我的事

我偏著頭，忘情欣賞青江菜被切下的蒂頭，另一隻手還拿著菜刀。

幾年前我有了廚房，媽媽送我菜刀、砧板，開啓了我的「認菜旅程」，我有機會看到青菜被切成碎片前的原貌。這才發現每種青菜的長相，不論是整體比例、內部的結構，都十分值得欣賞。

將小白菜、青江菜的蒂頭用菜刀切下，剖面就像一朵綻放的玫瑰花，層層包覆，看得出它是在時間的推移之下，一葉一葉慢慢長大的。對於這種「切下不吃的蔬菜部分」，諸如較硬較粗的莖，或者蒂頭，在台灣統稱爲廚餘，在日本則針對蔬菜類又稱之爲「殘菜」。

我手裡拿著小白菜的蒂，猶豫不決，實在不忍直接丟棄（雖然不是丟垃圾桶，而是等它乾掉後，集中丟到住家附近的荒地自然分解），我想了一下，決定先泡在水杯裡，看看會發生什麼事？

小白菜、青江菜、胡蘿蔔、高麗菜、蔥、芥蘭菜……每餐的蔬菜食材切剩的蒂頭，就用小盤子或小杯子，將水裝到殘菜的四分之一至三分之一的高度，每隔一兩天定期換水，以免水質變差。

並不是每一種殘菜都可以成功活下去，像是高麗菜的梗心，我試過很多次，總是在大約第

殘菜的挑選與移植

殘菜移植到水杯的存活率大約一半，秋冬季的殘菜存活率又高於春夏，根據個人經驗，以下是幾項簡單的原則，可以增加殘菜的存活率。

1 一般而言，尤以十字花科的蔬菜，要挑選有「節」或分叉的枝段。

2 莖條的底部就像像花朵的莖一樣斜切，較容易吸收水份。

3 如果是胡蘿蔔或菜頭，則蒂頭底部切平即可。

4 最好每天換水，若發現兩天內水都濁了，很可能是氣數已盡。

5 健康的胡蘿蔔或菜頭的蒂頭都會維持原本的硬度與彈性，若邊緣變軟則表示快壞掉了。

6 泡水的高度約枝條的三分之一、蒂頭的四分之一。

7 若殘菜越長越好，可以考慮移植到土壤盆裡繼續種到開花結籽。

1

三、四天左右就開始發黑，而胡蘿蔔存活的機率則是一半，有時候會爛掉，不過若勤加換水的話，胡蘿蔔長出來羽狀葉，在視覺上十分輕盈好看。待它再大一些，我就移植到小盆裡，改用土壤種植。

殘菜蒂頭的種植當中，存活率最高的是十字花科的蔬菜，冬天又比夏天來得容易存活。像是小白菜、青江菜、芥蘭菜等，大概兩、三天就可以看到小嫩葉冒出來，莖質較硬挺者、種植的過程較少使用肥料者，可以存活比較久、長得比較好。

最令人嘖嘖稱奇的是芥蘭菜，竟然還開花、結豆莢！

回溯剛買菜的那天，我忘記要幫芥蘭也留下一根粗壯的莖條，全都切成食材準備下鍋，只好臨時挑一根細細的、只有一片小葉跟一片小小葉（剛冒出頭）的芥蘭，隨手放在裝水的玻璃小杯內，我並沒有對它抱持任何希望，想說這麼細，不知何時會走到生命的盡頭？

1. 把葉子長太長的胡蘿蔔頭，改種到土裡、放在陽台採光處，之後它也準備要開花，不過後來蛾類昆蟲產卵於此，幼蟲們把它當成珍寶吃光光了。
2. 廚房窗台邊擺滿各種殘菜，有的種類在被切下後就難以存活，先走一步。
3. 從切好的芥蘭菜中，挑出一段單薄的殘菜。
4. 從一小段枝條到開花結果，芥蘭綻放了它的生命力，直到結籽。最下面那片就是最原始的葉子。
5. 胡蘿蔔切平的蒂頭，只要放在水盤中，定期換水，就會長出羽毛般輕盈的蘿蔔葉。
6. 切下的細蔥，後來又長出新的部分，修長優雅的姿態好似幅畫。

4

2

3

沒想到，它在陸續長了四、五片小葉子之後，竟然開始開花，還持續開了一個月，詹武龍老師來我家，看到不禁讚嘆，「沒想到這麼單薄的狀況下，它依舊想要開花結果、延續後代，真是大自然的力量！」他說，十字花科通常都是感知到自己來日不多，才會提早開花。

看著芥蘭努力綻放著花朵，我決定多事的扮起媒婆角色，用手指隨機在花朵上點來點去、幫忙花朵授粉（十字花科蔬菜多是異花授粉），幾天後果然看到幾顆小果莢，輕盈的垂掛在枝條之間，大自然生生不息、延續下一代的決心，就這樣在我家廚房的贈品玻璃杯中靜默而堅定的上演，撐了兩個半月，原本的芥蘭葉終於壽終正寢，它遺留下來的豆莢，經風乾後被我壓開，總共成功取出七、八顆種子。

之後，我也用同樣的手指授粉方式，成功讓菜頭及小白菜開花、結豆莢。我想，殘菜不只是提供廚房裡的觀賞價值而已，它用迷你版的生命歷程展現大自然的機制，即使資源只是簡單的一杯水、朝東的窗旁，它們仍用盡生命的精華來展現自己，這是殘菜教會我的事！

種菜基本配備

在菜園種菜需要一些基本配備，諸如鐽子、鐮刀等，還要注重防曬，以免在耕種的過程中晒傷。

這些工具都不貴，在傳統五金行裡，皆可買到便宜耐用的台灣製產品。以下簡單介紹：

1 乳膠棉布手套：一雙大約十五至三十元，在手心處有乳膠塗佈，以防在工作時被刺傷或者擦傷。手背部則是一般棉布，便於讓手汗蒸發。

2 大鐽子：大鐽子是用於初步整地階段，一支基本功能的鐽子價位約在三、四百元之間，一開始用的機率最高，待菜畦整過之後就少用，直到下個季節、或者重新規劃菜畦時才會再用到。或可向其他農友借得。

3 鋤頭：通常與大鐽子相輔相成、配合著用，用於已經長草的地方、或者要開挖出比較具體、寬度較窄的水溝或菜畦。

4 小鐽子：用於將小苗移植到植穴時，或者微幅調整菜畦，採收根莖類作物、開挖時使用。

5 小耙子：遇到雜草太過密實、需要局部小整地時使用。通常店家賣的都是兩用鐽耙，一側是三叉鐽，另外一側則是小鋤頭。（沒有小耙子的話，先用鐮刀割草再用鋤頭整地亦可。）

6 鐮刀：一旦菜園雛形抵定，鐮刀將會是陪伴你最久的好夥伴。鐮刀通常是用來除草，偶而才會用來採收。鐮刀分刀片型跟鋸齒型，如果菜園裡較多木質化的野草，則用鋸齒型的鐮刀會比刀片型的鐮刀來得方便快速許多。

7 塑膠桶、竹籃：用來放置鐮刀、小耙子等器具，避免農具刮傷身體或衣物。

8 遮陽：臉部防曬需戴遮陽帽，棒球帽遮陽效果有限，風不大的時候可用斗笠，風很大的時候建議配戴高爾夫球帽。手臂可以戴運動用的排汗袖套、或者農用袖套。若要連後背一併遮住，則需買短版的遮陽長袖外套，不過穿起來會比較熱些。

9 防蟲叮咬：長褲、雨鞋、手套，可避免螞蟻蚊蟲叮咬。若皮膚容易過敏，事先噴上香茅油或艾草精油等，也可以避免跳蚤上身。

10 水：一定要帶裝滿開水的水壺，尤其是夏天，女生至少帶八百ＣＣ以上、男生帶一千ＣＣ以上的水壺。

11 時間：夏天盡量控制在早上九點前離開、或者午後四點之後再到菜園以防中暑。於菜園內工作時，若有感到不適應速至陰涼處休息、補充水份，以免休克。

全國市民農園一覽表 （資料會隨時間變動，實際狀況以電話查詢爲主）

地區	縣市	名稱	電話	單位面積（坪）	年租金	地點	備註
宜花東	宜蘭縣	長春農場	03-9328822#359宜蘭縣社會處		免費	羅東鎮純精路一段109號	限65歲以上
	宜蘭縣	羅東鎮農會市民農園	03-9518667#39農事指導員		每畦750元		
	花蓮市	春福有機市民農園	0937-167-016邱春連	6	1200		花蓮市農會
	台東市	台東市民農園	089-310232白大海	15			
高屏	高雄市	高雄市民農場	0932-733-160 賴先生		2400	高雄市仁武區鳳仁路4之68號鳳邑觀音堂旁的大空地	
	高雄前鎮	南區前鎮銀髮農園	07-7170958 高雄市政府社會局	10	500		需抽籤、需65歲以上
	高雄大寮	憶童年市民農園	07-782-3812、0933-271-429陳志盈			高雄市大寮區內坑里內坑路145號	
	高雄小港	小港區市民農園	07-8119101#18/小港區農會推廣股梁勝常	18	5500		備有停車場跟交誼空間
	屏東萬丹	竹林村萬竹路358巷45弄18號	08-777-3510、0921-953-273陳坤謀			竹林村萬竹路358巷45弄18號	
	屏東潮州	潮州市民農園	08-7892994、08-7898209鄭清泰			泗林里通潮3巷190號	
雲嘉南	嘉義民雄	民雄鄉農會市民農園	05-2267151民雄鄉農會轉221推廣股	10~12	2400		
	嘉義市	頂庄里市民農園	05-2765298、0937355975嘉義市頂庄里莊天基里長				
	嘉義大林	西林里市民農園	05-2652631大林鎮西林里				
	台南柳營	太康有機農業專區市民農園	06-6226101洪小姐	15	6000		
	台南永康	樂活有機農園	0919-117-029請約假日看地	3	2000	台20線旁，近永康科技園區，永新加油站附近	每平方米每年200元、最少10平方米（約3坪）
	雲林古坑	慈心善意自耕園	0912-399-166、05-5823317	8	500	古坑福智園區麻園農場	

中彰投	台中市	台中市城市體驗農園	04-2228-9111轉56402姚先生	9	3000	北屯區太原段140地號（近台中國軍總醫院）	有專家駐地，定期舉辦講座與活動
	台中西屯	市民文教有機農園	0920289000翁先生			西屯區黎明路三段195號（逢甲大學旁）	
	台中新生里	台中市新生里市民農園	04-23023560台中市農會陳秋松			台中市南屯區新生里民新生南巷6號	
	台中烏日	烏日假日農夫開心農場	0958-770052林先生	10	2000	台中市烏日區東園里溪南路興農巷，勤盈紙器及詠新企業旁	
	彰化員林	員林農場市民農園	04-8336956			溝皂里溝皂巷地段2號	
	霧峰	國立中興大學農業暨自然資源學院農業試驗場	04-23308190呂先生	20	5000	臺中市霧峰區吉峰里吉峰西路68號	
	潭子	大木塊休閒農場	04-25354391張小姐	15	3300	臺中市潭子區大富路一段104號	
	太平	新光市民農園	04-2279-6336魏慶泉			樹德一街242號	
	大里	草湖市民農園	04-24068011大里區農會				
	大里	瑞城市民農園	0910-508946林忠河			大里瑞城里塗城路304巷120號	
	大里	大甲鎮市民農園	04-26863990大甲鎮農會楊日仲			台中縣大甲鎮頂店里大智路	
桃竹苗	桃園	茄苳路市民農場(私人)	0963-075-031邱先生	20	3500	茄苳路、愛買過龍江街附近	
	桃園蘆竹	福營市民農園	03-3221882李旺金	20	3500	桃園縣蘆竹鄉六福路260巷20號	
	桃園龍潭	高原市民農園	03- 4717031謝國義			高原村第903號	
	桃園八德	八德農園	03-368761八德市農會推廣股	20	3500	山頂村1鄰2號	
	桃園龜山	龜山鄉市民農園	03-329-1126#58 龜山鄉農會推廣股				
	竹北	竹北市市民農園	03-551-3127#118 竹北市農會陳宇恭	30	4000		
	竹北	六家公園旁菜園	03-658-0651#603江小姐	3	免費	嘉豐二街二段、六家五路口的民俗公園旁	每月回饋4小時社區義務服務

地區	縣市	名稱	電話	單位面積（坪）	年租金	地點	備註
桃竹苗	橫山	吉豐市民農園	0933-777-807陳重益			橫山村5鄰站前街46號	
	竹南	竹南鎮市民農園	037-462-042林慶嘉			港墘里6鄰66號	
	竹東	春福有機市民農園	CSA推廣有機市民農園	10	4800/半年	新竹縣竹東鎮軟橋里軟橋小段	每半年報名一次。
澎金馬	澎湖馬公	西衛景觀市民農園	06-9263-311				
基隆台北	七堵	泰安市民農場	02-24511964、0930290971黃李欽	10	3600	基隆市七堵區瑪泰安路187號	
	北投	北投第一市民農園	02-2826-2649吳金正	30	7200	北投東昇路38-26號	
	北投	北投第三市民農園	02-2891-8696陳文章			泉源里十八分產業道路旁、東昇路38號斜對面	
	北投	北投第五市民農園	02-2872-9173何年春		7200	天母行義路155巷38號	
	士林	日月滿休閒農園	02-2861-5402蔡詩通老先生			平菁街150號	
	士林	至善明哲園	02-28411759, 0935-611-401郭登源			士林區至善路三段370巷70號前	
	士林	士林第七市民農園	02-28822596,0937-453-138郭村松			士林區至善路三段370巷76號旁	可單純認養及採收，由園主負責照顧
	松山	松山第一市民農園	0937-457-190郭榮隆		7200	信義區松山路666號	承租時間4個月為一期
	深坑	深坑區第一市民農園	02-2664-3125、0920-829-051	15	8000	新北市深坑區阿柔里大崙腳1號（黃阿舍生態體驗農園）	
	林口	漂鳥市民農園	林先生0916-835-261 邱小姐0926-186-833	9	7200	新北市林口區中湖里，離林口交流道約15分鐘車程（菁埔生態農場）	提供自動澆水、農具放置、農耕技術諮詢等服務
	南港	南港市民有機農園	0926-084-147林書慧先生	10	12000	台北市南港區研究院路四段21巷4-1號	
	鶯歌	新北市市民農園鶯歌園區	02-26709793	10	3000保證金	環河路171號, 239	3成收成捐給弱勢團體

基隆 台北	新店	廣興有機市民農園	02-2910-6666#202	10	3000保證金		3成收成捐給弱勢團體
	新莊	有機市民農園-新莊區	新莊區農會02-2277-7988轉1206	10	3000保證金		3成收成捐給弱勢團體
	新莊	瓊林有機市民農園	新莊區農會02-2277-7988轉1207	9	3000	新莊區瓊林南路十七號	
	中和	市民農園-中和區	（地主收回）02-2249-1000轉推廣股	沒有限制	每坪240元/年		
	土城	有機市民農園-土城區	土城區農會02-8261-5214轉推廣股	10	3000保證金		3成收成捐給弱勢團體
	淡水	有機市民農園-淡水區	02-26202290分機145~147			淡水忠寮	農業局農漁會輔導科周佑軒科長 電話：29603456分機2999、手機：0970113936

◎初步收集國內各地的市民農場相關資料，各地條件不一、租金有可能變動，也有許多熱門地點的市民農場目前是處於額滿、需要排隊候補的階段。建議有興趣的朋友可以透過網路或社區合租休耕農地，集體經營市民農場。

GreenLand 03

這輩子一定要當一次農夫

作者 林黛羚
攝影 林黛羚
責任編輯 席芬
行銷企劃 翁紫鈁
副總編輯 劉容安
總編輯 席芬
社長 郭重興
發行人兼出版總監 曾大福
出版者 自由之丘文創事業/遠足文化事業股份有限公司
Email: freedomhill@bookrep.com.tw
發行 遠足文化事業股份有限公司
231 新北市新店區民權路 108-2 號 9 樓
電話 02 2218 1417 傳真 02 8667 1065
劃撥帳號 19504465 戶名：遠足文化事業股份有限公司
書籍設計 羅心梅
印製 前進彩藝有限公司
法律顧問 華洋法律事務所 蘇文生律師
定價 380 元
初版一刷 2013 年 10 月
ISBN 978-986-89547-7-9 Printed in Taiwan

國家圖書館出版品預行編目 (CIP) 資料

這輩子一定要當一次農夫 / 林黛羚作 . -- 初版 . -- 新北市 : 自由之丘文創, 遠足文化, 2013.10
面； 公分 . —— (GreenLand ; 3)

ISBN 978-986-89547-7-9（平裝）
1.農民 2.有機農業 3.通俗作品

431.4 102016548